Ana Mercedes Díaz de Iparraguirre

Cambio climático

Ana Mercedes Díaz de Iparraguirre

Cambio climático

acciones de sostenibilidad ambiental

Editorial Académica Española

Imprint
Any brand names and product names mentioned in this book are subject to trademark, brand or patent protection and are trademarks or registered trademarks of their respective holders. The use of brand names, product names, common names, trade names, product descriptions etc. even without a particular marking in this work is in no way to be construed to mean that such names may be regarded as unrestricted in respect of trademark and brand protection legislation and could thus be used by anyone.

Cover image: www.ingimage.com

Publisher:
Editorial Académica Española
is a trademark of
Dodo Books Indian Ocean Ltd. and OmniScriptum S.R.L publishing group

120 High Road, East Finchley, London, N2 9ED, United Kingdom
Str. Armeneasca 28/1, office 1, Chisinau MD-2012, Republic of Moldova, Europe
Printed at: see last page
ISBN: 978-613-9-41032-3

DEDICATORIA

A Dios todopoderoso y a la Virgen María

Por darme la fortaleza, la tranquilidad, la paz y el ánimo para seguir cada camino emprendido y brindarme aliento a través de la oración para superar los momentos más difíciles.

A mi Esposo Miguel Angel

Que desde el cielo, su amor y su espíritu me acompañan en cada camino recorrido para superar los momentos duros de su partida

A mis hijos

Walter que desde el cielo su amor me acompaña, Annather por su muestra de afecto y cariño. A mis hijos Ana Carolina y Miguel Angel, los cuales con su amor, cariño, comprensión, compañía y apoyo material, han sido mi motivación para culminar los caminos emprendidos y emprender nuevos proyectos.

A mis nietos

Katherin, Marbel, María del Rosario, Anthony, Santiago, Tomás, Mariangela y Sarita por la felicidad y el amor que me han brindado.

A mis padres y Hermanos

Mama y Papa que desde el cielo me protegen, Bertha, Ramón, Eligia, Yesenia, Roger, Elvis, Mery y Erick por su comprensión y los momentos de dolor compartidos y a mi mascota Toby, por su fiel y amorosa compañía

Ana Mercedes Díaz de Iparraguirre

E-mail: anamer49@yahoo.com

Móvil: + (58) 424 3177722

ORCID: 0000-0002-2241-81

INDICE

Resumen

Según estudios recientes del Banco Mundial, el cambio climático podría provocar el desplazamiento de 216 millones de personas dentro de sus respectivos países para el 2050; y que el cambio climático podría disminuir los rendimientos de los cultivos, generando inseguridad alimentaria; siendo considerado, el sector agrícola como fundamental para abordar el cambio climático. En ese orden, la cumbre climática COP28 en Dubai concluyó con un acuerdo histórico que marca un paso significativo hacia la lucha contra el cambio climático. El acuerdo, alcanzado después de días de negociaciones, pide a todas las naciones que abandonen los combustibles fósiles, medidas destinadas a limitar el aumento de la temperatura a 1,5°C por encima de los niveles preindustriales. EuroNews (2023)

Por otro lado, el acuerdo ha sido elogiado como un avance, los grupos ambientalistas e islas insulares han expresado   su preocupación en que no haya una transición justa y rápida para abandonar los combustibles fósiles. Estas acciones están encaminadas al cuidado del medio ambiente, a través de la inversión en energías renovables y/ o verde, ahorro de agua, evitando su despilfarro, movilidad sostenible e innovación en construcción y arquitectura dando un mayor impulso a los productos y tecnologías sostenibles. En vista de ello, muchos innovadores y empresas están dando pasos para construir un futuro más verde en el planeta, a través del avance de la transición energética para el impulso a la economía sostenible, las innovaciones sostenibles las cuales exploran los desafíos de almacenamiento de energía, los proyectos de Inteligencia Artificial para abordar el desperdicio de alimentos, hacia una forma de vida más sostenible. En ese sentido, los científicos y estudiosos del tema buscan concientizar al individuo para que cambien los hábitos que permitan detener los efectos irreparables del cambio climático sobre la vida del planeta. El trabajo se abordará a través de la revisión de documentos relacionados con la Temática Investigada

Palabras clave: Cambio climático, acciones de sostenibilidad, concientizar

Introducción

En vista que el cambio climático es causado por los Gases de Efecto invernadero, el cual a su vez es provocado por la quema de combustibles fósiles para la generación de electricidad, transporte, calefacción, la industria y la edificación, la explotación de la ganadería, la agricultura, el tratamiento de aguas residuales y vertederos, así como, el crecimiento exponencial de la población, la cual requiere de más recursos que aceleran el aumento de gases de efecto invernadero en todos los procesos de producción; ha provocado que el planeta haya entrado en lo que la comunidad científica ha denominado el Antropoceno: como una nueva era geológica motivada por el impacto del ser humano en la Tierra.

Por otro lado, la destrucción de ecosistemas terrestres y deforestación: ha ocasionado que los bosques y las selvas tropicales hayan desaparecido rápidamente. Estos bosques son sumideros naturales de carbono que mediante la fotosíntesis absorben CO_2 y devuelven oxígeno a la atmósfera. De igual manera, en los ecosistemas marinos, la destrucción de los océanos que también son sumideros naturales para la producción de oxígeno, ha acelerado el límite para la absorción de la cantidad de CO2 acidificándose y por ende ocasionando las muertes y enfermedades de la flora y fauna marina. Por otro parte, el aumento global de la temperatura ha puesto en peligro la supervivencia de la flora y la fauna de la Tierra, incluido el ser humano.

Cabe señalar, que el cambio climático aumenta la aparición de fenómenos meteorológicos más violentos como huracanes, ciclones ,tifones, sequías, lluvias , nevadas, incendios, muerte de especies animales y vegetales, desbordamientos de ríos y lagos, aparición de refugiados climáticos y destrucción de los medios de subsistencia y de los recursos económicos, especialmente en países en desarrollo; Igualmente ,el calor provoca el derretimiento del hielo en los polos, lo que hace subir el nivel del mar y amenaza con sumergir bajo el agua litorales costeros y pequeños estados insulares, provocando más muertes, damnificados, desplazados y daños materiales.

Por otra parte, las Migraciones masivas han generado la figura del refugiado climático, no reconocida aún por las Naciones Unidas, la cual es una realidad que se estima pueda alcanzar los mil millones de personas en el año 2050. En vista de eso, se han realizado una serie de acciones con el fin de limitar la emisión de gases de efecto invernadero para evitar el aumento de la temperatura y poder adaptándonos al entorno a través de políticas diseñadas por los acuerdos internacionales. Ahora bien, como el calentamiento global genera consecuencias en los sistemas físicos, biológicos y humanos, provocando variaciones en el clima que de manera natural no se producirían.

La Tierra ya se ha calentado y enfriado en otras ocasiones de forma natural, pero estos ciclos siempre habían sido mucho más lentos, mientras que ahora y como consecuencia de la actividad humana, se ha alcanzado niveles que en otras épocas trajeron consigo extinciones en doscientos años Es conveniente aclarar que, la comunidad científica, la ONU y multiplicidad de agencias internacionales han advertido de la creciente gravedad de los impactos del cambio climático y la necesidad de actuar de forma más decisiva contra sus causas y consecuencias, sobre todo desde los países ricos e industrializados que más han provocado esta situación.

Por otro lado, Según ONU (2023), la cumbre de la COP 28 realizada en Dubai entre el 30 de Noviembre y el 12 de Diciembre del 2023, se cerró el proceso de reflexión, denominado "Global Stocktake", sobre la acción climática del Acuerdo de París en 2015. Todo ello, con el fin que se reconozca los retrasos y fracasos de la acción climática hasta la fecha, así como, la necesidad y oportunidad de actuar con mucha más rapidez y eficacia para frenar el avance del cambio climático y maximizar la resiliencia frente a sus impactos, para tratar que los países industrializados aceleren el abandono en forma rápida y progresiva el uso de los combustibles fósiles, cuya quema es la principal causa de la crisis climática, que amenaza cada vez más con crudeza la vida humana y los ecosistemas, los hábitats y especies que necesitamos para sobrevivir.

En vista de ello, acordaron como objetivo, triplicar la capacidad de las energías renovables para el 2030, respetando en sus instalaciones   la biodiversidad y las comunidades locales de su entorno para:

- Absorber el exceso de CO_2 de la atmosfera

- Garantizar la seguridad de suministro de agua, alimentos y otras necesidades humanas básicas.

- Proteger a comunidades y sectores vulnerables a los fenómenos meteorológicos extremos y a la subida generalizada de la temperatura del planeta y el aumento del nivel y la acidez del océano.

En ese orden, en la COP28 el SEO/Birdlife, junto con otros movimientos de la ciencia y la sociedad civil, velará por los compromisos climáticos de   integrar la conservación y recuperación del medio natural para los próximos años. Dado que tendrá consecuencias catastróficas para miles de millones de personas y los ecosistemas, según lo señala el Grupo Intergubernamental de Expertos sobre los Cambios Climáticos IPPC) (2023). Como el clima mundial ha cambiado históricamente; las temperaturas globales están aumentando a un ritmo sin precedentes, donde los últimos ocho años han sido los más cálidos jamás registrados.

En vista, que el calor ha aumentado la frecuencia y la severidad de los fenómenos climáticos extremos: más calor, sequía e incendios, lluvias de extrema intensidad más habituales, procesos de deshielo que han generado el aumento del nivel del mar, es necesario seguir luchando contra el cambio climático, generando aportes desde todos los ámbitos para la sostenibilidad ambiental. El trabajo a través de revisión literaria busca la reflexión sobre el cambio climático, las acciones de sostenibilidad ambiental para concienciar sobre la temática .

Revisión Literaria

I.- Cambio climático versus derechos humanos

Todo el mundo tiene el derecho a vivir en un medioambiente limpio, saludable y sostenible. Con la intensificación de la crisis climática, éste y otros derechos están cada vez más amenazados. El cambio climático agrava las sequías, los daños a las cosechas y da lugar a la escasez y el encarecimiento de los alimentos, y, tras decenios de constante disminución, el hambre en el mundo ha vuelto a crecer. Esta escasez incrementa la competencia por los recursos y puede provocar desplazamiento de poblaciones, migración y conflictos, que a su vez dan lugar a otros perjuicios a los derechos humanos.

Con frecuencia, las comunidades ya de por sí vulnerables, que emplean menos combustibles fósiles como los agricultores de subsistencia, los pueblos indígenas, y los que viven en Estados insulares de poca altitud que afrontan el aumento del nivel del mar y tormentas más intensas son los que más sufren las consecuencias del cambio climático y las que más a menudo ven amenazado su derecho a la salud, a la vida, a la alimentación y a la educación. El calentamiento global afecta a muchos otros derechos en países de todos los niveles de ingresos, por ejemplo, con el significativo empeoramiento de la contaminación atmosférica.

Esto, también implica que los mosquitos transmisores de enfermedades se estén extendiendo a nuevas zonas. En ese orden, el calor extremo causa muertes de personas que trabajan al aire libre, y aumenta los índices de mortalidad en residencias y centros médicos. En relación a ello, los países de altos ingresos, los perjuicios causados por la extracción de combustibles fósiles y por el cambio climático a menudo se producen en las denominadas "zonas de sacrificio", donde es frecuente que comunidades que ya son objeto de discriminación sufran contaminación nociva; y la desinversión implica que las infraestructuras públicas no están bien equipadas para soportar fenómenos meteorológicos extremos.

Ahora bien, en relación a los derechos humanos en Emiratos Árabes Unidos, siendo este un gran productor de combustibles fósiles, tiene un funesto historial en materia de derechos humanos lo cual supone una amenaza para el éxito de la cumbre.

Por otro lado, la promesa de permitir que "distintas voces sean escuchadas" en la COP28 es inadecuada y sirve para poner de relieve el contexto normalmente restrictivo de Emiratos Árabes Unidos en materia de derechos humanos y las fuertes limitaciones que el país impone a los derechos a la libertad de expresión y de reunión pacífica.Ohchr (2023) Preocupan el cierre del espacio cívico, y la posibilidad del espionaje digital y la vigilancia. Amnistía Internacional ha preparado un completo informe sobre la situación de los derechos humanos en Emiratos Árabes Unidos.

La COP debe ser un foro en el que se respete el derecho a la libertad de expresión y de manifestación pacífica y la sociedad civil, los pueblos indígenas y las comunidades y que los grupos afectados por el cambio climático puedan participar abiertamente y sin temor. En vista de eso, la ciudadanía emiratí y las personas de cualquier nacionalidad deben poder criticar libremente a Estados, empresas y políticas, incluidas las de Emiratos Árabes Unidos, para poder contribuir a conformar las políticas sin sufrir intimidación. Cabe señalar que, Emiratos Árabes Unidos es, uno de los 10 mayores Estados productores de petróleo del mundo y se opone al rápido abandono gradual de los combustibles fósiles.

El sector de los combustibles fósiles genera una enorme riqueza para relativamente pocos actores empresariales y Estados, que tienen un interés particular en bloquear una transición justa a energías renovables, y en silenciar a quienes se oponen a ellos. La COP28 fue presidida por el Sultan al Jaber, quien es también el director ejecutivo de ADNOC, la empresa petrolera y gasística estatal de Emiratos Árabes Unidos, que está ampliando su producción de combustibles fósiles. Amnistía Internacional instó al Sultan Al Jaber de renunciar a su cargo en ADNOC, pues considera que existe un evidente conflicto de intereses que amenaza el éxito de la COP28.

Esto es sintomático de la creciente influencia que el *lobby* de los combustibles fósiles ha podido ejercer en los Estados y en la COP.28. En vista de

ello, un acuerdo en la COP28, para el abandono gradual de los combustibles fósiles de manera rápida, justa y financiado es fundamental para proteger los derechos humanos. Por otra parte, dirigentes gubernamentales y empresariales pueden y deben hacer mucho más por detener el creciente desarrollo de la producción de recursos de combustibles fósiles, que es incompatible con las obligaciones de los Estados en materia de derechos humanos y con el objetivo de limitar el calentamiento global por debajo de 1,5°C.

En ese orden, muchos países están invirtiendo en la expansión de las energías renovables, pero se necesita mucho más para lograr una transición justa que dé acceso a las energías renovables a todo el mundo. Ahora bien, la financiación pública para las energías renovables, hacer que quien contamine pague, y la electrificación obligatoria son enfoques de políticas que pueden generar impactos mensurables en las emisiones. Por otra parte, hay en marcha varios procesos judiciales relacionados con el cambio climático y con la vulneración de derechos. Amnistía Internacional participa en alguno de los procesos, y estos demuestran que existen sendas jurídicas para hacer rendir cuentas a los Estados y las empresas.

En relación a esto, las campañas y el activismo relacionado con el cambio climático han conseguido victorias importantes, lo que pone de manifiesto que la presión que ejercen las comunidades de base sobre los gobiernos y las empresas para que dejen de invertir en los combustibles fósiles puede ayudar a que se produzca un giro. Dado que, son los jóvenes y las comunidades minorizadas las cuales están sufriendo las violaciones de derechos humanos relacionadas con el cambio climático están a la vanguardia de estas iniciativas.

II.- **Lucha contra el cambio climático comienza en la escuela**

Según María Soledad Liora Schwartz (2023), señala que el cambio climático está generado un aumento en las temperaturas y en la frecuencia e intensidad de

los eventos climáticos extremos como olas de calor, sequías, inundaciones deslizamientos de tierra y tormentas tropicales a un ritmo sin precedentes en América Latina y el Caribe. Estos cambios en el clima están generando impactos socioeconómicos devastadores en la región. La educación tiene un rol protagónico que jugar a la hora de apoyar en los esfuerzos de descarbonizar y aumentar la resiliencia al cambio climático, con el fin de protagonizar el cambio y acciones concretas para conseguirlo.

En el 2015, el Acuerdo de París sobre Cambio Climático los países se comprometieron a implementar estrategias para descarbonizar sus economías y disminuir la emisión de gases de efecto invernadero con la meta de mantener el aumento de la temperatura por debajo de los 1.5°C en comparación con niveles preindustriales. Al mismo tiempo, los países identificaron estrategias para aumentar la resiliencia a las consecuencias del cambio climático en las personas, comunidades y sus economías. A primera vista pareciera que estos dos temas no están relacionados, y al pensar en cambio climático, se vienen a la mente temas como energías renovables, economía circular, agricultura sustentable y resiliencia a los desastres climáticos.

Sin embargo, el nexo entre los dos es claro, no solo porque los centros educativos pueden hacer más para reducir su huella de carbono sino porque el cambio climático es un factor que amenaza la continuidad de los aprendizajes. Por ejemplo, en el 2021 los huracanes y tormentas tropicales Eta y Iota dañaron o destruyeron casi 1000 escuelas en Honduras y Guatemala. Estos eventos climáticos provocaron que se debieran usar casi 700 centros educativos como albergues. En tanto, el huracán Mathew, en el 2016, dañó más de 300 escuelas en Haití y provocó que más de 100.000 estudiantes perdieran aprendizajes por culpa de los daños y el uso de las escuelas como albergues.

En estas circunstancias, y debido a la baja Incorporación tecnológica, los sistemas educativos tampoco han sido capaces de implementar métodos alternativos de enseñanza de calidad que permitan continuar con la previsión del

servicio frente a estas emergencias.

Por otro lado, la educación juega tres roles principales para acompañar y agregar valor a la agenda de los países de descarbonización y resiliencia al cambio climático. A continuación, se señalan tres roles que tiene la educación para enfrentar el cambio climático:

1. **Educar en ciudadanía verde:**

La educación desarrolla habilidades claves durante la edad escolar para equipar a los niños y jóvenes con los conocimientos, valores y capacidad de acción en favor del medioambiente, lo que llamamos ciudadanía verde. Durante la edad escolar, los jóvenes también adquieren habilidades que les permite acceder y tener éxito en los trabajos relacionados con la descarbonización de la economía, como la energía solar, el transporte eléctrico, la economía circular.

2. **Resiliencia para evitar discontinuar los aprendizajes:**

Los sistemas educativos deben ser resilientes y poder seguir operando ante eventos climáticos extremos y minimizar las disrupciones al aprendizaje. Aquí es clave contar con escuelas que sigan en pie frente a vientos fuertes o que se ubiquen en lugares que no sufran inundaciones frecuentes. Adicionalmente, sistemas de educación a distancia bien desarrollados permiten a los niños y jóvenes seguir estudiando durante estas emergencias hasta poder regresar a las salas de clases.

3. **Servicio educativo sostenible:**

Es fundamental implementar prácticas de sostenibilidad climática en la infraestructura escolar y la operación del servicio educativo para aportar a las metas de descarbonización. Estas estrategias incluyen la construcción de escuelas que minimizan el uso de energía o agua, el transporte escolar eléctrico, huertas escolares para cultivar alimentos de los comedores escolares, entre otras. Por otra parte se señalan 12 acciones para luchar contra el cambio climático desde los sistemas educativos:

a.- ¿Cómo se puede desarrollar ciudadanía verde en la edad escolar?

1. Reformando los currículos nacionales y planes de estudios para incorporar a lo largo de todo el ciclo escolar el desarrollo de conocimientos sobre el medio-

Ambiente, la biodiversidad y el cambio climático; la valoración y respeto de la naturaleza, medioambiente y biodiversidad; y comportamientos a favor del medioambiente. Esto incluye fomentar programas extracurriculares que permitan a los estudiantes complementar y contextualizar la educación para el cambio climático.

2. Expandiendo la oferta de programas de educación técnico-profesional y superior que desarrollan habilidades para trabajos verdes, en coordinación con las estrategias de crecimiento y descarbonización de los países, el sector productivo y los sistemas de capacitación laboral.

3. Capacitando a los docentes para que cuenten con los conocimientos y habilidades para impartir educación para el cambio climático, con prácticas pedagógicas efectivas, basadas en proyectos y la resolución de problemas, que fomenten el aprendizaje a lo largo de la vida.

4. Desarrollando y adaptando instrumentos de medición de habilidades para una ciudadanía verde que permitan monitorear el aprendizaje de los estudiantes e informar políticas de educación para el cambio climático.

b.- ¿Cómo se puede aumentar la resiliencia de los sistemas educativos?

5. Incluyendo en el diseño, construcción y operación de las escuelas estrategias de resiliencia a las principales amenazas climáticas. Por ejemplo, ante la amenaza de sequias, instalando sistemas de recolección y tratamiento de aguas de lluvia o ante el aumento de temperaturas, garantizando ventilación natural cruzada o medidas de protección solar.

6. Contando con planes de emergencia para alistar al sistema educativo ante modelos de educación a distancia para dar continuidad al servicio educativo durante emergencias climáticas hasta que el regreso a la sala de clase sea posible eventualidades climáticas

7. Aumentando el apoyo socioemocional a los estudiantes antes, durante y después de los eventos climáticos extremos en complemento con los esfuerzos del sector salud.

c.- ¿Cómo se puede lograr la sostenibilidad climática en los edificios educativos y en la provisión del servicio educativo?

8. Incorporando estrategias de sostenibilidad climática en el diseño, la construcción y el uso de la infraestructura escolar. Por ejemplo, usando paneles solares o luces LED para ahorrar energía, grifos de cierre automático en los baños para ahorrar agua o utilizando materiales de construcción con bajo impacto energético y ambiental (materiales locales, reciclados y/o producidos con un menor uso de energía).

9. Expandiendo el uso de la tecnología y sistemas digitales de gestión educativa con el objetivo de reducir el transporte de las personas y uso de papel para realizar trámites educativos y gestión de los recursos. O fomentando la educación a distancia para ciertas modalidades educativas (modalidades de educación flexible secundaria, formación docente, tutorías remotas) que permiten disminuir el traslado de los estudiantes y docentes y reducir así emisiones GEI.

10. Asegurando que los dispositivos electrónicos tengan certificación de bajo consumo energético y que su embalaje, reciclaje y disposición final sean amigables con el medioambiente.

11. Disminuyendo el impacto ambiental del transporte a la escuela mediante el uso de transporte público y transportes escolares eléctricos

12. Disminuyendo el impacto ambiental de los programas de alimentación escolar por ejemplo al usar productos locales y cultivados de manera sostenible, así como al promover el uso de frutas y verduras de huertas escolares.

En ese orden, promocionando la acción climática y la resiliencia para hacer frente a la emergencia climática y cumplir los Objetivos de Desarrollo Sostenible, promoviendo el cuidado del medio ambiente y contrarrestando el cambio climático a través de la reducción de las emisiones de gases de efecto invernadero. En ese aspecto muchos países no disponen de recursos suficientes para corregir los daños causados por el calentamiento global, ni para adaptarse a sus consecuencias y proteger los derechos de la población. Según el Acuerdo de París de 2015, los Estados de ingresos más elevados tienen la obligación de proporcionarles apoyo.

En 2009, los Estados de ingresos más elevados, que históricamente han sido los mayores emisores de gases de efecto invernadero, prometieron 100.000 millones de dólares estadounidenses al año para 2020 con el propósito de ayudar a los países "en desarrollo" con la reducción de emisiones y la adaptación climática. Hasta el presente, han incumplido ese compromiso de financiación, aunque el cumplimiento de todas las promesas formuladas e incrementar la financiación para la adaptación y los programas de protección social son fundamentales para proteger derechos.

Durante años, los Estados de ingresos más elevados se negaron a pagar por las pérdidas y daños provocados por el cambio climático en los países "en desarrollo". No obstante, en la COP27 se acordó crear un Fondo de Pérdidas y Daños. En la COP28 se negoció cómo se dirigirá y gestionará el fondo. En vista de esto, los Estados de ingresos más elevados, con su función de acreedores y reguladores, y mediante su influencia en el Banco Mundial aliviara la deuda y/o concederá préstamos con unas condiciones menos severas, con el fin de contribuir a acelerar una transición justa a energías renovables en todo el mundo.

III.- Desafíos del cambio climático como oportunidad de construir un mundo más justo y sostenible, según los acuerdos del COP 28

En los acuerdos del COP28 para limitar el calentamiento global a 1,5ºC, se estableció reducir las emisiones mundiales de gases de efecto invernadero un 43% hasta 2030 y un 60% hasta 2035 en relación con los niveles de 2019, para alcanzar las emisiones netas de dióxido de carbono cero para 2050. Igualmente, en el acuerdo se señala que se dará inicio al fin de los combustibles fósiles. Un inicio

que, como señala la CEO internacional del Pacto Mundial de la ONU, Sanda Ojiambo (2023), deja "mucho más por hacer". Sobre todo a aquellos que se opusieron a la eliminación progresiva de los combustibles fósiles en el texto de la COP28, diciéndoles que la eliminación progresiva de los combustibles fósiles es inevitable, les guste o no.

En ese orden, Antònio Guterres, secretario general de las Naciones Unidas. Señaló: Aunque en Dubái no pasamos página a la era de los combustibles fósiles, este resultado es el principio del fin.   Por otra parte,   Simon Stiell (2023), Secretario ejecutivo de la Convención Marco de las Naciones Unidas sobre el Cambio Climático, señalo que se analizara y evaluará, si se han cumplido las prioridades y se descubrirá el papel que ha llevado a cabo el Pacto Mundial de la ONU España ante una amenaza tan apremiante como el cambio climático:

1.- Conclusiones de la COP28

El primer balance mundial del Acuerdo de París no deja lugar a dudas: aún estamos muy lejos de limitar el aumento de la temperatura a 1,5ºC de niveles preindustriales. Un contexto se destaca que los países en vías de desarrollo son especialmente vulnerables a los efectos adversos del cambio climático y se necesita de opciones de mitigación viables, eficaces y de bajo coste en todos los sectores. Para limitar el calentamiento global a 1,5ºC, el acuerdo establece que se deben reducir las emisiones mundiales de gases de efecto invernadero un 43% hasta 2030 y un 60% hasta 2035 en relación con los niveles de 2019, y alcanzar las emisiones netas de dióxido de carbono cero para 2050.

Las acciones de las empresas tienen que ir hacia la mitigación, financiamiento climático, adaptación y restauración de la biodiversidad. Una cumbre, que deja tres conclusiones:

a.- La creación de consenso es fundamental y rara vez fácil, incluso debería serlo:

.   La COP28 alcanzó un acuerdo sin precedentes en cuanto a el Acuerdo de París, aunque no está de acuerdo en "eliminar progresivamente los combustibles fósiles" por completo y no llega a eliminarlos. Sin embargo, la dirección es clara.

b.- La ambición de actores no gubernamentales, especialmente el sector privado, es una señal, pero necesita más impulso

En la COP28 se produjeron muchos anuncios y se vio que el sector privado tiene un papel fundamental. Las acciones corporativas en torno a energías renovables y financiación climática tienen un papel fundamental, pero se necesita Involucrar a más empresas, tener un enfoque más holístico en la acción climática, más colaboración con empresas para un desarrollo de los planes nacionales de acción climática y tener más ambición.

c.- Los esfuerzos globales y locales deben garantizar cambios efectivos y equitativos hacia la energía renovable.

Sin embargo, no se debe dejar nadie atrás y esta transición debe ser justa y equitativa. Un desarrollo en el que las empresas cumplen un papel crucial.

2.- El Acuerdo de Dubái. Bajo el paraguas de la COP28, 198 países firmaron el Acuerdo de Dubái.

Un pacto que reconoce la necesidad de reducir de forma profunda, rápida y sostenida las emisiones de gases de efecto invernadero en consonancia con las trayectorias de 1,5ºC. De esta manera, se ha llegado a los siguientes acuerdos:

- Objetivo 2030: Triplicar la capacidad global de energías renovables y duplicar la tasa media anual mundial de mejora de la eficiencia energética.

- Reducción del carbón: Acelerar la disminución progresiva del uso de energía basada en carbón.

- Cero emisiones: Avanzar hacia sistemas energéticos con emisiones netas cero a nivel mundial, utilizando combustibles de baja o nula emisión de carbono antes o alrededor de mediados de siglo.

- Abandono de combustibles fósiles: Dejar de utilizar combustibles fósiles en sistemas energéticos de manera justa y ordenada, acelerando la acción en el Desarrollo de tecnologías limpias: desarrollando tecnologías de emisiones cero y bajas como energías renovables, energía nuclear, y tecnologías de captura y almacenamiento de carbono-

- Década actual para lograr cero emisiones netas en 2050, especialmente en sectores difíciles de reducir

- Reducción de gases distintos al CO2: Reducir sustancialmente las emisiones de gases distintos al dióxido de carbono a nivel mundial, con un enfoque en la reducción de las emisiones de metano para 2030.

- Transporte sostenible: Acelerar la reducción de emisiones en el transporte por carretera mediante el desarrollo de infraestructuras y la rápida adopción de vehículos con cero o bajas emisiones.

- Eliminación de subvenciones ineficientes: Eliminar las subvenciones ineficientes a los combustibles fósiles que no aborden la pobreza energética ni las transiciones justas.

- Duplicar la financiación para la adaptación respecto a los niveles de 2019 para 2025, detener y revertir la deforestación y degradación de los bosques, el establecimientos de todas las partes de planes nacionales de adaptación para 2030,

- Reducir la escasez de agua, lograr una producción alimentaria y agrícola resistente,

- Aumentar resiliencia de infraestructuras al cambio climático, reducir efectos del cambio climático sobre la erradicación de la pobreza, etc.

En materia de cooperación internacional, reconoce el papel de las empresas y destaca la necesidad de reforzar los incentivos, normativas y condiciones para orientar las inversiones para lograr una transición mundial hacia la reducción de emisiones de CO2. Además, el Mecanismo Tecnológico apoyará el desarrollo mediante la capacitación, el intercambio de conocimientos, la asistencia técnica y el papel de la inteligencia artificial para el cambio climático.

Por otro lado, el texto establece que los 198 países comprometidos con el Acuerdo comunicarán cada 5 años sus contribuciones nacionales para abordar el cambio climático. Se enfatiza la transparencia y claridad en la presentación de información. Aunque el acuerdo no impone sanciones por incumplimiento, sirve como una hoja de ruta compartida para abordar la urgencia de cambiar los sistemas energéticos y comerciales para evitar consecuencias

3.- El Pacto Mundial de la ONU España responde a la llamada por el clima

En la COP 28 de Dubái, el Pacto Mundial de la ONU España destacó por su compromiso y liderazgo en la promoción de la acción climática en el ámbito empresarial. Uno de los eventos notables organizado por el Pacto Mundial de la ONU fue Caring for Climate, una reunión de directivos internacionales enfocada en acelerar la reducción de emisiones para evitar catástrofes climáticas. Sanda Ojiambo (2023), CEO internacional del Pacto Mundial de la ONU, enfatizó la necesidad de colaboración global y soluciones innovadoras. Destacaron, además, participantes de alto nivel, como José Manuel Entrecanales; CEO de Acciona, Ignacio Sánchez Galán; CEO de Iberdrola y Clara Arpa; presidenta del Pacto Mundial de la ONU España.

Durante el evento, se abordaron temas cruciales, como el fin de la guerra contra la naturaleza y la biodiversidad y la transición energética hacia la neutralidad climática. Otro evento destacado, SBTi's leading companies, analizó empresas españolas que lideran la fijación de objetivos basados en la ciencia. Clara Arpa, (2023) inauguró el evento y resaltó la colaboración como herramienta transformadora destacando el papel del programa Climate Ambition Accelerator. En ese orden, el responsable en medioambiente, Miguel Arroyo, mantuvo un diálogo con Ligia Ramos, responsable regional de SBTi en LATAM, sobre el crecimiento exponencial que está viviendo en el último año la iniciativa SBTi.

A este evento se le dio cierre con una mesa moderada por Salome Zurabishvili, CEO del Pacto Mundial de la ONU Georgia, sobre la fijación de objetivos basados en la ciencia que contó con la presencia de Megan Morikawa, directora global de sostenibilidad del Grupo Iberostar, como Karen Tanaka, responsable de acción climática de AmBev. El pabellón de España acogió el evento Corporate Leadership in Climate Action, donde líderes empresariales se reunieron para discutir el papel esencial de las empresas en abordar la crisis climática. Clara Arpa destacó que cada vez más empresas consideran la lucha contra el cambio climático una prioridad.

Se instó a las empresas españolas a unirse a la iniciativa Forward Faster. En este mismo evento, Miguel Arroyo y Philippine Ménager, responsable de proyectos para la ambición COP en ECODES, compartió los resultados del Anuario Climático 2023, analizando el compromiso de las empresas españolas en iniciativas climáticas. Del total de empresas españolas que se han comprometido con el cero neto de SBTi, el 76% son socias del Pacto Mundial de la ONU España. Asimismo, el 94% de las empresas españolas incluidas en la máxima calificación de CDP Clima y más de 200 empresas incluidas en el registro de la huella de carbono de la Oficina Española de Cambio Climático.

Para dar por terminado este evento, Lucas Ribeiro, responsable a nivel global del programa *Climate Ambition Accelerator*, moderó una mesa donde se reflexionó sobre los hitos y la participación de la cadena de suministro en las iniciativas climáticas en la que participaron Yolanda Fernández, directora de medioambiente, sostenibilidad, innovación y cambio climático en EDP, Mercedes Vázquez, responsable de cambio climático en REDEIA, Etienne Butruille, responsable de sostenibilidad financiera del Banco Santander, y Tracy Wyman, responsable de divulgación y participación en SBTi.

Por otra parte, la CEOE y el Pacto Mundial de la ONU España organizaron un Encuentro de Empresas Españolas donde acudieron la vicepresidenta Tercera y Ministra para la Transición Ecológica y el Reto Demográfico, Teresa Ribera, el Embajador de España en Emiratos Árabes Unidos, Iñigo de Palacio, y la Secretaria de Estado de Energía, Sara Aagesen, entre otros. En este encuentro, Teresa Ribero (2023) expresó su impresión por el compromiso del sector empresarial español en la Cumbre del Clima. Marcando un precedente en la colaboración entre el sector empresarial y el gobierno español, destacando la importancia de trabajar juntos para avanzar hacia objetivos nacionales de reducción de emisiones de gases de efecto invernadero representando los intereses de la sociedad española en foros internacionales. Económicos y ambientales, desastrosos debido al cambio climático; señalando "La acción del clima no puede esperar".

IV.- El principio del fin de la era de los combustibles fósiles como balance final de la COP 28 en Dubai

Los países reunidos en Dubai aprobaron este miércoles una hoja de ruta para la "transición hacia el abandono de los combustibles fósiles", algo inédito en una conferencia de la ONU sobre el clima, pero el acuerdo se quedó corto en lo que respecta a la exigida retirada progresiva del petróleo, el carbón y el gas. Tras la adopción del documento final, el Secretario General de la ONU, António Guterres, dijo que la mención del principal contribuyente mundial al cambio climático llega después de muchos años en los que el debate sobre esta cuestión estuvo bloqueado. Guterres (2023) subrayó que la era de los combustibles fósiles debe terminar con justicia y equidad.

"A aquellos que se opusieron a una referencia clara a la eliminación progresiva de los combustibles fósiles en el texto de la COP28, quiero decirles que la eliminación progresiva de los combustibles fósiles es inevitable, les guste o no. Esperemos que no llegue demasiado tarde", puntualizó.

La última edición de la conferencia anual de la ONU sobre el clima que se celebró en Dubái, la mayor ciudad de los Emiratos Árabes Unidos. Estaba previsto que la COP28 concluyera el martes 12 de diciembre, pero las intensas negociaciones nocturnas sobre si el resultado incluiría un llamamiento a "reducir progresivamente" o "eliminar gradualmente" los combustibles fósiles que calientan el planeta -como el petróleo, el gas y el carbón-, obligaron a la conferencia a realizar horas extraordinarias. Este punto de fricción, el principal que hubo, enfrentó a activistas y países vulnerables al cambio climático con naciones petroleras durante gran parte de las dos últimas semanas

En su declaración, Guterres (2023), señaló que la ciencia es clara, afirmando a su vez, que limitar el calentamiento global a 1,5°C, "será imposible sin la eliminación progresiva de todos los combustibles fósiles", como lo reconoce una coalición de países cada vez más amplia y diversa. Los mediadores de la COP28

lograron compromisos para triplicar la capacidad de las energías renovables y duplicar la eficiencia energética para 2030, y avanzaron en cuanto a la adaptación y el financiamiento, incluida la puesta en marcha del Fondo de Pérdidas y Daños. Sin embargo, el Secretario General consideró que los compromisos financieros son muy limitados y hace falta mucho más para hacer llegará la justicia climática para quienes se encuentran en primera línea de la crisis.

Muchos países vulnerables se están ahogando en deudas y corren el riesgo de ahogarse también con la subida del nivel del mar. Es hora de un aumento al financiamiento para adaptar, las pérdidas y daños, y la reforma de la arquitectura financiera internacional". Guterres (op.cit), sostuvo que el mundo no puede permitirse "retrasos, indecisiones ni medias tintas", e insistió en que "el multilateralismo sigue siendo la mejor esperanza de la humanidad". Es esencial unirse en torno a soluciones climáticas reales, prácticas y significativas que estén a la altura de la escala de la crisis climática, enfatizó Guterres (2023).

En ese orden, el responsable de la ONU para el clima, Simon Stiell (2023), afirmó que en la COP28, las iniciativas anunciadas en Dubai son sólo "un salvavidas para la acción climática, no una victoria en la línea de meta". Stiell (op.cit). Dijo que el Balance mundial, que tiene como objetivo ayudar a las naciones a alinear sus planes climáticos nacionales con el Acuerdo de París, reveló claramente que el progreso no es lo suficientemente rápido, pero es "innegable" que está ganando ritmo. Aun así, la trayectoria actual está justo por debajo de los tres grados de calentamiento global, lo que equivale a un "sufrimiento humano masivo", según el responsable del clima, razón por la cual la COP28 tendría que haber logrado mejores resultados.

En declaraciones a los periodistas, Stiell (2023), señaló que la COP28 tendría que haber marcado un alto firme al principal problema climático de la humanidad: "los combustibles fósiles y su contaminación, que está quemando el planeta". " Este acuerdo firmado, representa un conjunto de bases ambiciosas, no un logro completo". . Así pues, los próximos años serán cruciales para seguir aumentando la ambición y la acción por el clima" Cabe señalar que, o tros hechos ocurrieron en la COP 28, relacionados con

1) El Fondo para Pérdidas y Daños destinado a ayudar a los países en desarrollo vulnerables al cambio climático cobró vida el primer día de la COP. Los países han prometido hasta ahora cientos de millones de dólares en aportaciones

2) Compromisos por valor de 3500 millones de dólares para reponer los recursos del Fondo Verde para el Clima

3) Nuevos anuncios por un total de más de 150 millones de dólares para el Fondo para los Países Menos Adelantados y el Fondo Especial para el Cambio Climático.

4) Un aumento de 9000 millones de dólares anuales por parte del Banco Mundial para financiar proyectos relacionados con el clima (2024 y 2025)

5) Casi 120 países respaldaron la Declaración de la COP28 sobre el Clima y la Salud para acelerar las acciones destinadas a proteger la salud de las personas de los crecientes impactos climáticos

6) Más de 130 países se han adherido a la Declaración de la COP28 sobre Agricultura, Alimentación y Clima para apoyar la seguridad alimentaria al tiempo que se combate el cambio climático

7) 66 países se han adherido al compromiso mundial de reducir las emisiones relacionadas con la refrigeración en un 68% a partir de hoy.

Por otra parte, quedaron acuerdos para las próximas reuniones de la COPs, tales como:

- La ronda de planes nacionales de acción por el clima, está prevista para 2025, cuando se espera que los países hayan impulsado seriamente sus acciones y compromisos

- Azerbaiyán será anfitrión oficial de la COP29, del 11 al 22 de noviembre del año (2024), tras recibir el respaldo de los países de Europa del Este después de que Armenia retirara su candidatura   Brasil se ha ofrecido para acoger la COP30 en el Amazonas en 2025   (UNFCCC/ Kiara Worth)

Sin embargo, no todas las delegaciones se mostraron satisfechas con el resultado de las conversaciones sobre el clima. Los representantes de la sociedad civil y los activistas climáticos, así como las delegaciones de los pequeños países insulares en desarrollo, se mostraron visiblemente descontentos con el resultado Anne Rasmussen (2023), representante de Samoa y principal mediadora de la Alianza de los Pequeños Estados Insulares, señaló que la decisión se adoptó durante su ausencia en la sala plenaria, ya que su grupo aún estaba coordinando su respuesta al texto.

Rasmussen (op.cit) subrayó la importancia del proceso del Balance mundial, acotando   que todavía se puede limitar el calentamiento global a 1,5°C". Asimismo, lamentó la falta de "corrección del rumbo" y expresó su decepción: " realmente se necesitaba un cambio exponencial en nuestras acciones y no seguir como siempre". En ese orden, después de la publicación del documento final, Harjeet Singh (2023), responsable de estrategia política mundial de la Red Internacional de Acción por el Clima dijo a Noticias ONU que "tras décadas de evasivas, la COP28 se ha enfocado por fin en los verdaderos culpables de la crisis climática: los combustibles fósiles.

En vista de ello, se ha fijado un rumbo para alejarse del carbón, el petróleo y el gas. Pero la resolución está viciada por lagunas jurídicas que ofrecen a la industria de los combustibles fósiles numerosas vías de escape, apoyándose en tecnologías no probadas e inseguras. Singh (op.cit), calificó como "hipócritas a las naciones ricas... ya que siguen expandiendo las operaciones de combustibles fósiles mientras hablan de la transición verde". Por otro lado, los países en desarrollo que aún dependen de los combustibles fósiles se quedan sin un apoyo financiero adecuado en su transición hacia las energías renovables.

Aunque la COP 28 ha reconocido el inmenso déficit financiero para hacer frente a los impactos climáticos, los resultados finales se quedan   cortos a la hora de obligar a las naciones ricas a cumplir con sus responsabilidades financieras. Sin embargo, **cada año se invierten siete billones de dólares en actividades que alimentan el cambio climático, a través de** las praderas marinas, extensiones de brotes verdes y flores parecidas a la hierba, las cuales son una solución eficaz del cambio climático basada en la naturaleza. En este orden, esto supone 30 veces lo que se gasta anualmente en soluciones verdes y un 7% del PIB mundial, según el informe de la agencia de medio ambiente presentado en Dubai.

Es decir, casi siete billones de dólares de financiación pública y privada se destinan cada año a actividades que perjudican directamente a la naturaleza, una cantidad 30 veces superior a la que se gasta anualmente en soluciones verdes, según un informe presentado en la Conferencia sobre Cambio Climático (COP28) de Dubái. El texto del Programa de la ONU para el Medio Ambiente (**PNUMA)** revela que, a pesar del tiempo utilizado para poner fin a los flujos financieros hacia sectores que dañan los bienes más valiosos de la humanidad, estas inversiones siguen, y la publicación se produce en un momento en que las negociaciones de la mayor acción realizada en favor de la justicia climática.

En ese orden, el informe sobre el estado de las finanzas para la naturaleza se centra en lo que se conoce como "flujos financieros negativos para la naturaleza", subrayando la urgencia de abordar las crisis interconectadas del cambio climático, la pérdida de biodiversidad y la degradación del suelo. El documento destaca que estas inversiones eclipsan la cantidad anual que se invierte en proyectos basados en la naturaleza. En vista de ello, la cantidad de 5000 millones de dólares de estos flujos financieros negativos para el medio ambiente procede del sector privado, que son 140 veces más que las inversiones privadas en soluciones verdes, y casi la mitad de esa cantidad procede de cinco sectores: construcción, servicios eléctricos, inmobiliario, petróleo y gas, y alimentación y tabaco.

V.- Reducir las emisiones por el aumento del cambio climático

El último informe de la Organización Meteorológica Mundial (OMM) confirma Que la última década ha sido la más cálida jamás registrada, según datos de la

Tendencia del calor en los últimos 30 años. Según su director, Petteri Taalas (2023), esto se debe "a las emisiones de gases de efecto invernadero procedentes de las actividades humanas". Marcada por temperaturas terrestres y oceánicas récord. Ahora bien, la década de 2011-2020 fue testigo del aumento incesante de la concentración de gases de efecto invernadero que turboalimentaron la dramática pérdida de glaciares y el aumento del nivel del mar y el informe se publica cuando la Conferencia de las Naciones Unidas sobre el Cambio Climático, COP28, llega a su fin en Dubái.

Cuando la reunión de la COP28 llega a su fin, los países acordaron un nuevo fondo voluntario para pagar a las naciones vulnerables las pérdidas y daños sufridos por el cambio climático. Este aumento desmedido de la temperatura ha generado impactos profundos en las regiones polares y montañosas. En ese sentido, el informe decenal de la OMM, revela la "transformación drástica" que se está produciendo en las regiones polares y de alta montaña, y agencia de la ONU también advierte que las perturbaciones climáticas están socavando el desarrollo sostenible, con consecuencias nefastas para la seguridad alimentaria mundial, los desplazamientos y las migraciones.

En ese orden, Taalas (op.cit), señaló "Estamos perdiendo la carrera para salvar nuestros glaciares y capas de hielo que se derriten". Tenemos que reducir las emisiones de gases de efecto invernadero como prioridad máxima y absoluta del planeta a fin de evitar que el cambio climático se salga de control". Por otra parte, el informe dibuja un panorama sombrío, pero también destaca avances positivos, incluido el éxito de los esfuerzos internacionales en el marco del **Protocolo de Montreal**, que busca eliminar las sustancias químicas que desgastan la capa de ozono, y han reducido el agujero en la capa de ozono antártica durante el periodo 2011-2020.

Por otro lado, los avances en las previsiones, los sistemas de alerta temprana y la gestión coordinada de catástrofes han reducido el número de víctimas causadas por fenómenos extremos. Sin embargo, las pérdidas económicas han aumentado; mientras que la financiación pública y privada para el clima estuvo cerca a duplicarse de 2011 a 2020, En vista de ello, se necesita un aumento de siete veces para finales de la década para alcanzar los objetivos climáticos.

VI.- Reducir las emisiones de refrigeración un compromiso de 60 países en la COP28

Los sistemas de refrigeración contribuyen en gran medida al cambio climático. En vista de lo cual, más de 60 países firmaron el "compromiso de refrigeración" para reducir el impacto climático del sector de la refrigeración, que también podría proporcionar "acceso universal a la refrigeración que salva vidas, aliviar la presión sobre las redes energéticas y ahorrar billones de dólares de aquí a 2050". En vista de ello, el Programa de las Naciones Unidas para el Medio

Ambiente (<u>PNUMA</u>) calcula que más de 1000 millones de personas corren un alto riesgo de sufrir calor extremo debido a la falta de acceso a la refrigeración, la gran mayoría en África y Asia.

Aunado a esto, casi un tercio de la población mundial está expuesta a olas de calor mortales más de 20 días al año. La refrigeración proporciona alivio a las personas y también es esencial para otros ámbitos y servicios críticos como la seguridad alimentaria mundial y el almacenamiento y suministro de vacunas. Pero, al mismo tiempo, la refrigeración convencional, como el aire acondicionado, es uno de los principales causantes del cambio climático, responsable de más del 7% de las emisiones mundiales de gases de efecto invernadero. La cual, si no se gestiona adecuadamente, las necesidades energéticas para la refrigeración de espacios se triplicarán de aquí a 2050, junto con las emisiones asociadas.

En líneas generales, cuánto más intentamos mantenernos frescos, más calentamos el planeta. Y si se mantienen las actuales tendencias de crecimiento, el consumo generado por los equipos de refrigeración, que hoy por hoy representa el 20% del consumo total de electricidad, se duplicará para 2050. **En ese orden,** los sistemas de refrigeración actuales, como los aparatos de aire acondicionado y los frigoríficos, consumen grandes cantidades de energía y suelen utilizar refrigerantes que calientan el planeta.   El último informe del PNUMA muestra que la adopción de medidas para reducir el consumo de energía de equipos de refrigeración podría suponer una reducción de al menos el 60% de las emisiones sectoriales previstas de aquí al 2050.

Por otra parte, el sector de la refrigeración debe crecer para proteger a todo el mundo del aumento de las temperaturas, mantener la calidad y la seguridad de los alimentos, mantener estables las vacunas y productivas las economías, afirmó Inger Andersen (2023), directora ejecutiva de la agencia de la ONU, que presentó el informe, señaló este crecimiento no debe producirse a costa de la transición energética y de impactos climáticos más intensos. **En vista de ello,** el informe se publicó en apoyo al *Compromiso mundial de enfriamiento,* una iniciativa conjunta entre los Emiratos Árabes Unidos, y la *Cool Coalition* (coalición para la refrigeración), liderada por el PNUMA.

En dicho informe se describen las medidas que deben adoptarse en las estrategias de refrigeración pasiva, como el aislamiento térmico, ventilación, normas de eficiencia energética y reducción de los refrigerantes de hidrofluorocarburos (HFC) que calientan el clima. Ahora bien, en vista de ese informe se recomienda seguir las medidas que podría reducir las emisiones previstas para 2050 de la refrigeración en unos 3800 millones de toneladas equivalentes de CO2. Lo cual supondría:

- Permitir que otros 3500 millones de personas se beneficiaran de frigoríficos, aparatos de aire acondicionado o refrigeración pasiva de aquí a 2050
- Reducir las facturas de electricidad de los usuarios finales en 1 billón de dólares en 2050, y en 17 billones de dólares acumulados entre 2022 y 2050
- Reducir los picos de demanda de energía entre 1,5 y 2 teravatios (TW), casi el doble de la capacidad de generación total de la Unión Europea en la actualidad
- Evitar inversiones en generación de energía de 4 a 5 billones de dólares

VII.- La financiación climática, en los acuerdos de la COP28.

Gemma Duran Romero (2023), señala que la Conferencia de las Partes sobre
el Cambio Climático (COP28) celebrada durante los últimos días en Dubái ha tenido como principal propósito hacer un balance global para conocer el grado de ejecución del Acuerdo de París de 2015 y evaluar el progreso para limitar el calentamiento global a 1,5 °C. Como en anteriores conferencias, también se han planteado otros temas como los combustibles fósiles, la financiación climática y el fondo de pérdidas y daños ocasionados por el cambio climático. En vista de es el tema de la financiación para hacer frente el problema del cambio climático es clave.

En relación a ello, en el 2023, la Organización Meteorológica Mundial publicó el informe *Unidos en la Ciencia*, donde se indica que, entre 1970 y 2021, se registraron unas 12 000 catástrofes debido a fenómenos meteorológicos, climáticos e hidrológicos extremos. En ese orden, estas catástrofes en términos económicos, suponen un coste de unos 4,3 billones de dólares y se produjeron, mayormente, en los países en desarrollo. Ahora bien, coincidiendo con la COP28, se ha publicado el informe "Pérdidas y daños, cómo el cambio climático está impactando la producción y el capital" elaborado por J. Rising de la Universidad de Delawere (EE. UU.).

El informe incluye estimaciones por países sobre las pérdidas económicas debido al cambio climático. En otro orden, en el informe se indica que los fenómenos meteorológicos extremos suponen pérdidas de un 1 % del PIB. Estas pérdidas son 10 veces mayores en el caso de los países de bajos ingresos y regiones tropicales. En vista de ello, aunado a lo del impacto económico, se da otro de carácter humanitario debido al empobrecimiento de la población más vulnerable, unos 3 500 millones de personas, según el Grupo Intergubernamental de Expertos sobre el Cambio Climático.

Entre este grupo de población destacan las mujeres y los jóvenes que se ven obligados a migrar a otros lugares, hipotecando el futuro de sus comunidades y países. En ese aspecto, la crisis climática necesita de inversiones para su mitigación y adaptación. Por tanto, es necesario contar con financiación que no siempre está al alcance de los países en desarrollo. Por otra parte, este problema de inversión y financiación de las crisis climáticas, es de vieja data, ya en la COP15 de 2009, los países desarrollados se comprometieron a movilizar unos 100 000 millones de dólares al año para la acción climática en el 2020. Ese objetivo se reafirmó en la COP16. Y en el año 2011, se creó el Fondo Verde del Clima.

El objetivo era financiar acciones para la mitigación y adaptación al cambio climático de la comunidad internacional.   Sin embargo, a pesar de los compromisos adquiridos, la financiación climática movilizada por los países desarrollados queda lejos de conseguirse. En el año 2022, la Organización para la Cooperación y el Desarrollo Económico presentó un balance sobre los fondos movilizados, aportándose sólo 83 300 millones de dólares en el 2020. De esta cantidad, un 8 % fue destinado a los países de bajos ingresos, más afectados por el cambio climático. El resto fue a parar a los países de ingresos medios.

Sin embargo, el problema de la financiación se retomó en la COP26, con carácter de urgencia, se incluyó en el Pacto Climático de Glasgow. Con él, los países desarrollados se comprometían a alcanzar el objetivo de los 100 000 millones de dólares anuales en el año 2023. Un año más tarde, en la COP27, se aprobó un Fondo para Pérdidas y Daños que debía comenzar a funcionar el día del inicio de la COP28. Este fondo se basa en un sistema de asignación de recursos financieros, según la evidencia disponible. Las aportaciones son voluntarias y proceden de países desarrollados y emergentes.

El fondo será gestionado durante cuatro años por el Banco Mundial. No se concreta qué países recibirán las ayudas, pero garantiza un porcentaje mínimo de recursos para los países menos desarrollados y las islas pequeñas. Ese fondo como tal, cuenta con una aportación de 656 millones de dólares; cantidad que representa 1 % de la totalidad de dinero comprometido desde hace años, y que está alejado de los costes estimados anuales que genera el cambio climático, cifrados para el año 2030 entre los 290 000 y 580 000 millones de dólares

En ese orden, la acción climática requiere tener acceso a energía que sea asequible, sostenible, limpia e inclusiva, así como medidas de adaptación; para lo cual se requiere movilizar otros recursos financieros. En este sentido, las organizaciones internacionales y bancos multilaterales de desarrollo han presentado en conjunto acciones concretas y urgentes que permitan aumentar la financiación. Ahora bien, algunas de las acciones innovadoras más discutidas, se refiere al acuerdo entre las principales instituciones financieras internacionales y los países ofrezcan cláusulas de deuda resilientes al clima en sus préstamos.

Estos préstamos permitirán dar una pausa a los países para el pago de la deuda cuando se vean afectados por catástrofes climáticas, tal y como ha anunciado Reino Unido para Senegal. El Banco Interamericano de Desarrollo ofreció 1 200 millones de dólares en préstamos cubiertos a través de las cláusulas de deuda resilientes. En vista de eso, el Banco Mundial se comprometió a suspender la deuda y los intereses durante dos años en caso de un desastre natural. Debido a esto, otras instituciones como el Banco Africano de Desarrollo, el Banco Europeo de Reconstrucción y Desarrollo y la Agencia Francesa de Desarrollo han anunciado planes para la integración de estas cláusulas en los acuerdos de préstamos soberanos.

Por otra parte, Akinwumi Adesina (2023), presidente del Banco Africano de Desarrollo, en la Cumbre sobre Financiación de la Adaptación para África durante la COP28 el 1 de diciembre de 2023, en Dubái (Emiratos Árabes Unidos). Flickr / COP28 / Christopher Edralin, CC BY-NC-SA presentaron la creación de un mecanismo híbrido de financiación, propuesto por el Banco Africano de Desarrollo y el Banco Interamericano de Desarrollo, El cual permitirá aprovechar los derechos especiales de giro no utilizados, además de reservas, como instrumentos de préstamo para financiar clima y desarrollo. Esta vía de financiación se realizará a través de los bancos multilaterales de desarrollo.

En vista de ello, junto a estas medidas también destacan otras inversiones orientadas al cambio climático. Estas inversiones fueron anunciadas por el Banco de Desarrollo de América Latina, el Banco Asiático de Desarrollo, el Banco Europeo de Inversiones y los Bancos Públicos de Desarrollo de la Coalición Verde de la cuenca amazónica. En relación a la aportación de inversión privada destaca el fondo Altérra, propuesto por Emiratos Árabes Unidos con el fin de que los países del Sur Global tengan un mejor acceso a la financiación climática. El objetivo es movilizar 250 000 millones de dólares en todo el mundo para el 2030.

Este fondo se ha dividido en dos secciones. Una de ellas, Altérra Acceleration, con una dotación de 25 000 millones de dólares, para asignar capital directamente o a través de fondos de inversión. La otra, Altérra Transformation, con 5 000 millones de dólares, para la mitigación de riesgos, contribuyendo a fomentar la inversión en el Sur Global. En ese contexto, se podría concluir que la

COP28 ha comenzado a poner tecla a la melodía de la financiación, aunque no completamente, porque aún hay países como los africanos que reivindican acciones concretas para la financiación de la adaptación en el continente.

Toda esta adaptación, sin olvidar que la financiación debe ser más equitativa y justa según lo señalado por, Jo Adetunji (2023), Editor the Conversation.UK Academic rigor journalistic flair   Por otra parte, uno de los socios del PNUMA que contribuyó al informe fue Global Canopy, una organización sin ánimo de lucro basada en datos que se centra en los factores del mercado que afectan negativamente a la naturaleza. Su director ejecutivo, Niki Mardas (2023), declaró a Noticias ONU que hay un grupo de empresas o instituciones financieras que pueden estar realizando inversiones positivas para el medio ambiente.

Haciendo con sus declaraciones mucho ruido al respecto., pero sin tener clara su exposición a las inversiones negativas para la naturaleza, sobre todo cuando se trata de sus cadenas de suministro. En ese orden, Mardas (op.cit), señaló que, aunque estas empresas deben seguir realizando inversiones positivas, también tienen que hacer el arduo y complejo trabajo de entender cómo ellas están provocando el problema, y deben empezar abordarlo, implicando a las empresas de sus carteras, así como a las empresas de sus cadenas de suministro para que cambien sus operaciones y su Comportamiento.

Mardas (op.cit) puso el ejemplo de la lucha contra la deforestación, que está buscando alcanzar un balance de emisiones netas cero. Sin embargo, sólo el 20% de las 700 instituciones financieras que se comprometieron a alcanzar un balance neto cero en el marco de la Alianza Financiera de Glasgow han tomado alguna medida al respecto. En ese sentido, la mayor acción que se puede emprender en favor de la naturaleza, el clima y las personas es la financiación verde. En vista de

eso, se tiene que financiar de forma ecológica, pero también hay que ecologizar esos siete billones de dólares de financiación.

De lo contrario, siempre se estará atrapado en ese bucle. En vista de ello, en una conferencia de prensa celebrada en Dubái, Mirey Atallah (2023), directora de la Subdivisión de la Naturaleza para el Clima del PNUMA, afirmó que el informe demuestra que la crisis climática sigue superando los esfuerzos por contenerla. Dijo que la financiación es "el gran facilitador, y sin dinero que fluya en la dirección correcta, no se puede alcanzar los objetivos que fueron fijados" en la Cumbre de la Tierra de 1992 en Río para hacer frente a los desafíos interconectados del cambio climático, la desertificación y la pérdida de biodiversidad.

Atallah (op.cit) afirmó que el PNUMA quiere utilizar los datos para demostrar que el dinero que se utiliza para dañar la naturaleza puede y debe desviarse para que tenga un impacto positivo, y subrayó que la COP28 debe ser el punto de inflexión. En ese orden, la funcionaria afirmó que la escasez crónica de financiación para soluciones basadas en la naturaleza no se debe a la falta de fondos, "es sólo que el dinero va en la dirección equivocada".

Para convencer a las empresas privadas de que realicen las inversiones adecuadas, es preciso establecer los marcos jurídicos necesarios para orientar los fondos hacia soluciones positivas para la naturaleza. Atallah (2023) añadió que algunas instituciones financieras privadas ya han empezado a tener en cuenta los efectos climáticos a la hora de solicitar préstamos, lo que puede ayudar a "cambiar el rumbo de las inversiones".

VIII.- CEPAL, invertir entre un 3,7 % y un 4,9% de su PIB en financiación climática

La Comisión Económica para América Latina y el Caribe (CEPAL) presentó un informe sobre las necesidades de financiación y políticas necesarias en la región para la transición hacia una economía baja en carbono y resiliente al clima, así como las tendencias actuales de las emisiones regionales. El informe destaca la importancia del financiamiento en sectores como la agricultura, la ganadería y la silvicultura, que a nivel regional representan el 58% de las emisiones de gases de efecto invernadero. Actualmente, la financiación está dirigida principalmente a la mitigación, en detrimento de la toma de medidas de adaptación.

En el 2020 el 89% del financiamiento climático global estuvo destinado a mitigación, un 8% a adaptación y sólo un 3% a acciones transversales. En ese orden, el cambio climático es uno de los mayores desafíos de nuestro tiempo. Durante años, la CEPAL ha analizado sus impactos en América Latina y el Caribe y ha encontrado que el costo de la inacción supera el costo de la acción (…) y que el calentamiento global exacerbará los efectos negativos de los fenómenos meteorológicos extremos", **advirtió** el secretario ejecutivo de la Comisión. José Manuel Salazar-Xirinachs (2023), especificó que, América Latina y el Caribe fijó el objetivo de reducir emisiones entre un 24% y un 29% para 2030, "pero, para ello, la tasa de descarbonización de la región (0,9%) tendría que ser cuatro veces más rápida".

Según el estudio, cumplir con los compromisos de acción climática requiere, además, una inversión de entre 3,7% y 4,9% del PIB regional por año hasta 2030. A modo de comparación, en 2020 el financiamiento climático en América Latina y el Caribe fue de solo 0,5% del PIB regional. Por lo tanto, cerrar la brecha de financiamiento climático requiere aumentar la movilización de recursos nacionales e internacionales entre siete y 10 veces. El documento especifica la inversión necesaria para la transición energética, la electrificación del transporte público, las medidas de mitigación para evitar la deforestación, la conservación de la biodiversidad, los sistemas de alerta temprana y la prevención de la pobreza, entre otros ámbitos.

En concreto, para las acciones de mitigación, la inversión necesaria equivaldría al 2,3%-3,1% del PIB anual de la región. Estos fondos deben financiar los sistemas de energía y transporte y la reducción de la deforestación. El sector del transporte es el que requiere más inversiones. Por su parte, las medidas de adaptación requieren entre un 1,4% y un 1,8% del PIB anual de la región. Esto incluye inversiones en sistemas de alerta temprana, prevención de la pobreza, protección de las zonas costeras, servicios de agua y saneamiento y protección de la biodiversidad.

En esta categoría, las mayores cantidades se destinan para agua y saneamiento, señala el documento. En el mismo orden, Salazar-Xirinachs (2023), explicó que aumentar la financiación climática puede aportar también otros beneficios además de los medioambientales, incluyendo beneficios económicos y sociales. En este sentido, más inversión en las medidas de mitigación y adaptación supondría un importante impulso para el crecimiento, la creación de empleo y el desarrollo social. Por el contrario, si no se toman medidas, el cambio climático puede acarrear pérdidas.

El informe muestra que, para 2030, la pérdida de productividad laboral debida al estrés térmico podría alcanzar el 10% en algunos países, lo que afectaría directamente al potencial de crecimiento de la región. Además, hay que tener en cuenta el impacto de los fenómenos extremos. El documento destaca la necesidad de canalizar los flujos de inversión hacia actividades que estimulen los sectores impulsores la economía, con vistas a lograr un desarrollo más productivo, inclusivo y sostenible. En vista de esto, la CEPAL ha identificado varios sectores relevantes y áreas de oportunidad para el crecimiento económico, entre los que se encuentran la transición energética, la electromovilidad, la economía circular, la bioeconomía, la industria farmacéutica, los servicios digitales y la economía del cuidado entre otros.

Asimismo especifican en el documento, distintos instrumentos, como la tarificación del carbono y la inclusión del cambio climático en las evaluaciones de impacto ambiental de los proyectos. El citado documento titulado "Economía del cambio climático en América Latina y el Caribe. Necesidades de financiamiento y herramientas de política para la transición hacia economías bajas en carbono y resilientes al clima. (**The Economics of Climate Change in Latin America and the Caribbean, 2023. Financing needs and policy tools for the transition to low-carbon and climate-resilient economies**). Ese, documento presenta las tendencias actuales de las emisiones regionales, los compromisos de acción climática y las estimaciones de inversión requerida para cumplir con las Contribuciones Nacionalmente Determinadas (CNDs).

Además establece lineamientos a seguir en la búsqueda para alcanzar un desarrollo inclusivo, sostenible y justo para la región.. Fue presentado por la máxima autoridad de la Comisión Económica para América Latina y el Caribe (CEPAL) durante el evento paralelo de la COP28 "Cooperación económica entre España y América Latina para el financiamiento climático" (Economic cooperation between Spain and Latin America for climate finance), realizado en el pabellón español de la cita mundial, el cual fue moderado por Gonzalo Muñoz, Campeón de Alto Nivel de la ONU para el Clima COP25, y miembro de la junta directiva de GFANZ LAC.

En el lugar, participaron también Alicia Montalvo, Gerente de Acción Climática y Biodiversidad Positiva de CAF - Banco de Desarrollo de América Latina; Ricardo Marshall, del Programa Roofs to Reefs (R2RP) de la Oficina del Primer Ministro de Barbados; y Elsa Velasco, Jefa de Equipo de EUROCLIMA+ 2020 en FIIAPP. El documento señala que, para 2030, la pérdida de productividad laboral debida al estrés térmico podría alcanzar el 10% en algunos países, lo que afectaría directamente al potencial de crecimiento de la región. Además, hay que tener en cuenta el impacto de los fenómenos extremos.

Se destaca la importancia del financiamiento en sectores económicos claves como el cambio de uso de suelo, agricultura, ganadería y silvicultura que a nivel regional representan el 58% de las emisiones de gases de efecto invernadero. En la actualidad, el financiamiento está dirigido a la mitigación en desmedro de la adaptación y las acciones transversales. Ahora bien, según el   estudio cerrar la brecha de financiamiento climático requiere aumentar la movilización de recursos nacionales e internacionales entre 7 y 10 veces, señaló Salazar-Xirinachs. (2023)

La inversión en la acción climática puede reportar beneficios no solo medioambientales, sino también económicos y sociales, ya que los niveles de inversión y financiación de las medidas de mitigación y adaptación supondrán un importante impulso para el crecimiento, el empleo y el desarrollo social. En las recomendaciones, el documento destaca la necesidad de coordinar las políticas y alinear el sistema financiero para canalizar los flujos de inversión hacia actividades productivas que impulsen los sectores que son los motores de la economía, para lograr un desarrollo más productivo, más inclusivo y más sostenible.

En este sentido, indicó que los países de la región deben intensificar y escalar sus políticas de desarrollo productivo. Reiteró que la CEPAL ha identificado varios sectores dinamizadores, áreas de oportunidad para el crecimiento económico y la colaboración. La CEPAL mantiene su compromiso y seguirá trabajando por un futuro ambientalmente sostenible, socialmente inclusivo y económicamente competitivo en América Latina y el Caribe", finalizó José Manuel Salazar-Xirinachs.

IX.- Acciones hacia la Sostenibilidad Ambiental del planeta

Cuidar el medio ambiente y mejorar la calidad de vida está al alcance de todos. En el marco del Día de la Tierra, *National Geographic* ofrece una lista de actividades que puedes implementar en tu vida diaria para, de acuerdo con la Organización de las Naciones Unidas (ONU), contribuir con el medio ambiente y limitar el cambio climático en la Tierra. Cuando se habla de sostenibilidad, nos referimos a un modelo de desarrollo que satisface las necesidades del presente sin comprometer la capacidad de las generaciones futuras para satisfacer sus propias necesidades. En ese sentido, a continuación se señalan 10 acciones sustentables para la sostenibilidad del planeta:

1. Ahorrar energía lumínica y aprovechar la luz solar

Al momento de salir de tu hogar, una acción para contribuir con el cuidado de los recursos y el medio ambiente es comprobar que las luces que no son útiles estén apagadas. Además, puedes abrir las ventanas y dejar pasar la luz solar a través de ellas para iluminar la casa durante el día.

2. Cambiar el tipo de energía administrada en el hogar

En línea con la primera recomendación, sustituir las luces de un domicilio con bombillas led es una forma de contribuir al medio ambiente y economizar el gasto de energía. Ya que iluminan más, consumen menos y se amortizan en un período más largo. De acuerdo con ONU, gran parte de nuestra electricidad funciona a partir de carbón, petróleo y gas; lo cual afecta la emisión de dióxido de carbono (CO2) en el ambiente.

3. Desenchufar los electrodomésticos sin uso

Ahorra energía reduciendo el uso de la calefacción, el aire acondicionado, como también desenchufando los aparatos que se encuentran en desuso, pero aún consumen energía con sus luces parpadeantes encendidas, relojes o censores de control remoto.

4. Alternar los métodos de transporte

Puedes alternar el uso de un <u>vehículo</u> personal con tracción a diésel o gasolina realizando trayectos cortos a pie o en bicicleta, esto reduce las emisiones de gases de efecto invernadero y mejora el rendimiento de tu salud al hacer ejercicio físico. ONU explica que utilizar un automóvil de manera consciente, sustituyéndolo incluso con la utilización del transporte público para trayectos más largos, puede reducir la huella de carbono en hasta 2 toneladas de CO2 al año.

5. Consumir más verduras y productos agros sustentables

En principio, los productos agroecológicos no utilizan <u>fertilizantes</u> ni otros productos contaminantes en su etapa de producción. Además, ONU sugiere comer más verduras, frutas, cereales integrales, legumbres, frutos secos y semillas, y menos carne y productos lácteos, ya que esto puede reducir considerablemente el impacto medioambiental.

6. Separar residuos, reparar y reciclar

La Asamblea a cargo de la <u>Agenda 2030 para el Desarrollo Sostenible</u> advierte que todo elemento consumido por el ser humano genera emisiones de carbono en cada eslabón de la cadena de producción (electrodomésticos, ropa, artículos varios). Es por esto que ONU sugiere enmendar prendas que aún sirven, realizar compras a conciencia de las necesidades personales y reciclar aquello que ya no se utiliza. Además, las personas pueden reciclar la basura separando los desechos en orgánicos (alimentos), no orgánicos (papeles) y plásticos

7. Utilizar menos plástico

Una forma de utilizar menos plástico es llevar bolsas de tela, arpillera o reutilizar bolsas de plástico al momento de ir a comprar. Cada vez son más los supermercados que venden bolsas para evitar su uso y generar un gasto excedente al cliente y fomentar su reciclado, indica ONU.

8.- Desperdiciar menos comida

Cuando tiras comida, también desperdicias los recursos y la energía que se utilizaron para cultivarla, producirla, envasarla y transportarla", afirma el Organismo Internacional. Los alimentos en descomposición, al igual que los desechos de animales, producen un gas de efecto invernadero llamado metano.

9. Abonar los residuos orgánicos

Reutilizar los desechos alimenticios y animales en la producción de abono es un método efectivo que ONU recomienda para desperdiciar menos comida y compostar las plantas de un hogar de manera natural. Disminuir los residuos de los alimentos puede reducir la huella de carbono en hasta 300 kilogramos de CO2 al año.

10. Plantar árboles y sembrar

Las plantas son fuente natural de vida y producen el oxígeno que respiran los seres vivos en la Tierra. Son esenciales para la naturaleza, por lo tanto, ONU recomienda plantar un árbol o arbustos en tu hogar y/o en la comunidad donde vives.

Por otra parte, para contribuir con la sostenibilidad es preciso entender que los problemas que afectan la sostenibilidad no están restringidos a las grandes empresas, ya que de una forma u otra todos contribuimos con darle sostenibilidad al planeta. En ese orden,   las soluciones a los problemas que afectan el desarrollo sostenible no deben limitarse únicamente a las políticas, estrategias y estándares diseñados y establecidas en las empresas. Aunque parezcan insignificantes, nuestras acciones individuales pueden contribuir considerablemente y de manera positiva en la sostenibilidad, es la concientización para lograr un desarrollo verdaderamente sostenible. A continuación se presenta un conjunto de medidas que se deben contemplar para contribuir con esta importantísima causa:

Reducir (no malgastar recursos)

- Controlar el consumo de agua en la higiene, riego y piscinas.
- Incorporar dispositivos de ahorro del agua en grifos y cisternas.
- Ducha rápida; cerrar grifos mientras nos cepillamos los dientes, afeitamos o enjabonamos.
- Proceder al riego por goteo, regar a primeras y últimas horas del día.
- Reducir el consumo de energía en iluminación, usar bombillas de bajo consumo: fluorescentes compactas y LED (Light Emitting Diode).
- Apagar las luces innecesarias (vencer inercias) y aprovechar al máximo la luz natural.
- Utilizar sensores de movimiento para que se encienda la luz sólo cuando es necesario
- Reducir el consumo de energía en calefacción, refrigeración y cocinado.
- Aislar (aplicar las normas adecuadas de aislamiento de las viviendas)
- No programar temperaturas muy altas (abrigarse más) o excesivamente bajas (ventilar mejor, utilizar toldos, persianas…); utilizar temporizador y situar los termostatos en lugares adecuados.
- Apagar los radiadores o acondicionadores innecesarios (vencer inercias)
- Cocinar de manera eficiente: aprovechar el calor residual, no calentar más agua que la necesaria y no precalentar en el horno si no es necesario.
- Reducir el consumo de energía en transporte, usar transporte público, la bicicleta y/o desplazarse a pie.
- Organizar desplazamientos de varias personas en un mismo vehículo.

- Reducir la velocidad, conducir de manera eficiente.
- Evitar los ascensores siempre que sea posible.
- Cargar adecuadamente lavadoras, lavaplatos, etc.
- Apagar completamente la TV, el ordenador y otros electrodomésticos.
- Cuando no se utilizan; desconectar los cargadores de móviles y de otros aparatos electrónicos.
- Disminuir el consumo de pilas o utilizar las que sean recargables.
- Descongelar regularmente el frigorífico, comprobar que las puertas cierran bien, revisar calderas y calentadores.
- Reducir el consumo energético en alimentación, mejorándola al mismo tiempo.
- Consumir productos de temporada y de agricultura ecológica.
- Reducir el uso de papel, evitar imprimir documentos que pueden leerse en la pantalla.
- Escribir, fotocopiar e imprimir a doble cara y aprovechando el espacio (sin dejar márgenes excesivos)
- Evitar el correo comercial; borrarse de las bases de datos de las empresas de publicidad.
- Felicitar, comunicar y convocar reuniones electrónicamente.
- Utilizar papel reciclado.
- Reducir (¡mejor evitar!) el uso de plásticos, latas, objetos con pilas, materiales con sustancias tóxicas, etc.
- Disminuir el consumo de plásticos, y en particular de PVC, en juguetes, calzado, pequeños electrodomésticos, productos de limpieza y demás (si es inevitable), elegir reciclables (PET, HDPE, etc.), reutilizándolos al máximo.
- Evitar aparatos y juguetes eléctricos con pilas.

  Reducir el consumo de productos que contengan sustancias tóxicas, como insecticidas, disolventes, desinfectantes, quita manchas, abrillantadores, productos de limpieza agresivos ("limpiar sin cloro"), no comprar ropa que deba limpiarse en tintorerías o utilizar tintorerías ecológicas, etc.

- Rechazar el consumismo: practicar e impulsar un consumo responsable.
- Analizar críticamente los anuncios (ver www.consumehastamorir.com).
- No dejarse arrastrar por campañas comerciales: San Valentín, Reyes, entre otras.
- Programar las compras (ir a comprar con lista de necesidades)

Reutilizar todo lo que se pueda

- Reutilizar el papel
- Imprimir, por ejemplo, sobre papel ya utilizado por una cara
- Reutilizar el agua: utilizar el agua del lavado de frutas y verduras y el de la cocción de huevos (enriquecida con calcio) para regar planta.
- En particular evitar bolsas y envoltorios de plástico, papel de aluminio y vasos de papel.
- Sustituirlos por reutilizables, reparándolos cuando sea necesario, mientras se pueda utilizar productos reciclados (papel, tóner…) y reciclables.
- Rehabilitar las viviendas, hacerlas más sostenibles (mejor aislamiento, etc.) evitando nuevas construcciones)

Reciclar

- Separar los residuos para su recogida selectiva ("compactándolos" para que ocupen menos)
- Llevar a "Puntos Limpios" lo que no puede ir a los depósitos ordinarios.
- Reciclar pilas, móviles, bombillas que contengan mercurio, ordenadores, aceite, productos tóxicos.

Utilizar tecnologías respetuosas con el medio y las personas

- No comprar productos sin cerciorarse de su inocuidad: vigilar la composición de los alimentos, productos de limpieza, ropa… y evitar los que no ofrezcan garantías
- Evitar espray y aerosoles (utilizar pulverizadores manuales)

- Aplicar las normas de seguridad en el trabajo y en el hogar.
- Optar por las energías renovables en el hogar, automoción, etc.
- Utilizar aparatos que funcionen con energía solar: radios, cargadores de móviles, ordenadores Portátiles.
- Utilizar electrodomésticos eficientes, de bajo consumo y poca contaminación (A++)

Contribuir a la educación y acción ciudadana

- Realizar tareas de divulgación e impulso: aprovechar prensa, Internet, video, ferias ecológicas y materiales escolares.
- Ayudar a tomar conciencia de los problemas insostenibles y estrechamente vinculados: consumismo, explosión demográfica, crecimiento económico depredador, degradación ambiental y desequilibrios.
- Informar de las acciones que podemos realizar e impulsar a su puesta en práctica, promoviendo campañas de uso de bombillas de bajo consumo, reforestación y asociacionismo.
- Ayudar a concebir las medidas para la sostenibilidad como una mejora que garantiza el futuro de todos y no como una limitación.
- Impulsar el reconocimiento social de las medidas positivas para un futuro sostenible.
- Estudiar y aplicar lo que se puede hacer por la sostenibilidad como profesional
- Investigar, innovar y enseñar.
- Contribuir a ambiental izar el lugar de trabajo, el barrio y ciudad donde habitamos.

Participar en acciones sociopolíticas para la sostenibilidad

- Respetar y hacer respetar la legislación de protección del medio de defensa de la biodiversidad
- Evitar contribuir a la contaminación acústica, luminosa o visual.

- Manifestar a los comercios nuestra disconformidad con el uso de envoltorio excesivo, derroche de bolsas de plástico, no separado de basuras, etc.
- No fumar donde se perjudique a terceros y no arrojar nunca colillas al suelo
- No dejar residuos en el bosque, en la playa.
- Evitar residir en urbanizaciones que contribuyan a la destrucción de ecosistemas y/o a un mayor consumo energético.
- Tener cuidado con no dañar la flora y la fauna.
- Cumplir las normas de tráfico para la protección de las personas y del medio ambiente
- Denunciar las políticas de crecimiento continuado, incompatibles con la sostenibilidad
- Denunciar los delitos ecológicos: talas ilegales, incendios forestales, vertidos sin depurar, urbanismo depredador.
- Respetar y hacer respetar los Derechos Humanos, denunciar cualquier discriminación, étnica, social y de género.
- Colaborar activamente y/o económicamente con asociaciones que defienden la sostenibilidad.
- Apoyar programas de ayuda al Tercer Mundo, defensa del medio ambiente, ayuda a poblaciones en dificultad y promoción de Derechos Humanos.
- Reclamar la aplicación de impuestos solidaridad
- Promover el Comercio Justo.
- Rechazar productos fruto de prácticas depredadoras (maderas tropicales, pieles animales, pesca
- esquilmadora, turismo insostenible…) o que se obtengan con mano de obra sin derechos laborales, trabajo infantil y apoyar las empresas con garantía.
- Reivindicar políticas informativas claras sobre todos los problemas.
- Defender el derecho a la investigación sin censuras ideológicas.
- Exigir la aplicación del principio de precaución
- Oponerse al unilateralismo, las guerras y las políticas depredadoras

- Exigir el respeto de la legalidad internacional
- Promover la democratización de las instituciones mundiales (FMI, OMC, BM…)
- Respetar y defender la diversidad cultural
- Respetar y defender la diversidad de lenguas.
- Respetar y defender los saberes, costumbre y tradiciones (siempre que no conculquen derechos humanos).
- Dar el voto a los partidos con políticas más favorables a la sostenibilidad.
- Trabajar para que gobiernos y partidos políticos asuman la defensa de la sostenibilidad
- Reivindicar legislaciones locales, estatales i universal de protección del medio "Ciberactuar": Apoyar desde el ordenador campañas solidarias y por la sostenibilidad.

Evaluar y compensar

- Realizar auditorías del comportamiento personal
- Hacer un adecuado seguimiento de nuestras contribuciones a la sostenibilidad en la vivienda, transporte, acción profesional y ciudadana.
- Compensar las repercusiones negativas de nuestros actos cuando no podemos evitarlos (emisiones
- de CO2, uso de productos contaminantes…) mediante acciones positivas (Ver www.ceroco2.org en impulso efectivo, favorezcan resultados positivos y estimulen una implicación creciente.
- Conviene seleccionar inicialmente aquéllas medidas que se vean más realizables y consensuar planes y formas de seguimiento que se conviertan en impulso efectivo, favorezcan resultados positivos y estimulen una implicación creciente.
- NOTA: Estas medidas fueron tomadas del documento de trabajo realizado como una contribución a la Década de la Educación por un futuro sostenible (2005-2014) instituida por Naciones Unidas para hacer frente a la actual situación de emergencia planetaria (www.oei.es/decada).

X.- Innovaciones Sostenibles

Un mayor impulso para los productos y tecnologías sostenibles como el que hay en la actualidad. Se ha llegado a un punto crítico con respecto al cambio climático y muchos innovadores y empresas están dando un paso al frente para construir un futuro más verde. En este contexto, a medida que avanza la transición energética para el impulso a la economía sostenible, las primeras innovaciones sostenibles 2023 exploran los desafíos de almacenamiento de energía, también se incluyen proyectos de Inteligencia Artificial para abordar el desperdicio de alimentos, entre otros. A continuación, se señalan algunos avances que buscan una forma de vida más sostenible:

- Batería de hierro para almacenar energía a nivel de la red.

Si bien las baterías de iones de litio se han vuelto omnipresentes en productos como electrónicos, electrodomésticos pequeños y grandes, vehículos eléctricos y sistemas de almacenamiento de energía eléctrica, hay serios problemas asociados a que contienen numerosos metales tóxicos que hacen que su fabricación, reciclaje y uso sean problemáticos para el medio ambiente. El startup Form Energy, que surgió del Instituto Tecnológico de Massachusetts (MIT), ha encontrado una manera de hacer que las baterías de metal sean más eficientes.

Aunque las baterías de zinc que se utilizan actualmente en los audífonos, contienen menos materiales tóxicos, al no ser recargables, también son parte de los desechos. No obstante, han encontrado una manera de revertir el proceso de corrosión para crear baterías recargables de hierro las cuales son más pesadas que las baterías de iones de litio y tienen un ciclo de carga y recarga lento, por lo que, son inadecuadas para su uso en vehículos eléctricos. Sin embargo, la compañía afirma que serán perfectas para el almacenamiento de energía a nivel de red, ya que se destacan en el almacenamiento de energía a largo plazo y pueden generar más de tres megavatios en capacidad de producción por acre de baterías.

- Almacenamiento subterráneo de hidrogeno con gravedad.

Es cada vez más común que el hidrógeno verde, la variedad más limpia y que produce cero emisiones de carbono, se promocione como un elemento crucial en el viaje del mundo hacia el cero neto. Pero almacenar el combustible limpio sigue siendo un desafío. Por ello, Gravitricity, especialista en almacenamiento subterráneo de energía en Reino Unido, está completando su diseño de revestidos para pozos de roca subterráneos especialmente diseñados, lo que permitiría un eficiente almacenamiento subterráneo de hidrógeno.

Por otra parte, su tecnología de almacenamiento, a la que llama FlexiStore, es una solución a los obstáculos que enfrenta el almacenamiento de hidrógeno, que proporciona un sistema mucho más grande y seguro; es más flexible que las cavernas de sal subterráneas, otro método para el almacenamiento. Por otro lado, Gravitricity ha identificado muchos sitios para su proyecto piloto en el Reino Unido, donde se está discutiendo y los planes comerciales futuros.

En el año 2024 las empresas no solo han de responder a las crecientes expectativas sociales y normativas, sino que también se tienen que posicionar como líderes proactivos en la creación de un futuro sostenible y ético. La combinación de regulaciones más estrictas, una rendición de cuentas transparente y la colaboración activa con los sectores público y financiero marcará el camino hacia una transformación empresarial positiva y duradera. Cristina Sánchez (2023) CEO del Pacto Mundial de la ONU España. Dentro de este artículo se abordan algunas de las tendencias de Euromonitor Internacional y de algunos de los expertos de IMD, mostrando así los temas de mayor relevancia para este 2024 así como su relación con el tema de residuos.

- Avanzando hacia la estandarización: Informes de sostenibilidad

De las tendencias más notorias es el avance hacia la generación de informes de sostenibilidad para que las empresas puedan comunicar las acciones que están tomando en torno a la sostenibilidad. Para lo cual han surgido nuevos requisitos tanto a nivel internacional como en la Unión Europea (UE), los cuales impactan en México. A nivel internacional, el 1 de enero del 2024 entraron en vigor dos nuevas normas del Consejo Internacional de Normas de Sostenibilidad (ISSB), las cuales serán adoptadas en México una vez que la Comisión Nacional Bancaria y de Valores establezca si son aplicables para las entidades bajo su regulación.

✓ NIIF S1 "Requisitos Generales para la Revelación de Información Financiera relacionada con la Sostenibilidad".

✓ NIIF S2 "Revelaciones relacionadas con el Clima".

Asimismo, en la UE entró en vigor la Directiva de Informes de Sustentabilidad Corporativa (CSRD) el 5 de enero del 2023, en la cual se exige a las empresas de la UE a informar sobre el impacto que sus actividades empresariales tienen en el medio ambiente y la sociedad y sobre el impacto de sus <u>iniciativas medioambientales, sociales y de gobernanza (ESG)</u> en el aspecto empresarial. Con la entrada en vigor de estas normas, se observarán nuevos retos para las empresas multinacionales para cumplir con los distintos requisitos y poder alinear las metodologías para la generación de informes.

El panorama de los informes permitirá que inversores, analistas, consumidores, entre otros puedan evaluar el rendimiento en términos de sostenibilidad y puedan identificar y mitigar los posibles riesgos ambientales (como puede llegar a ser el tema de residuos), así como consolidar la información para una mejor toma de decisiones, permitiendo incrementar la resiliencia de las empresas

- Desarrollo de modelos de negocio circulares

Como resultado de incentivos regulatorios como es el Plan de acción para la economía circular de la comisión Europea, ha ido creciendo el momentum hacia la economía circular. Pero esta tendencia no se queda solo en Europa: en México se observa con la Ley General de Economía Circular y en la Estrategia Nacional de Economía Circular. Cada vez más compañías han desarrollado modelos de negocio rentables basados en la economía circular, creando así cambios en la dinámica de los negocios (algunos ejemplos son Grupo AlEn, Arca Continental, Bio Pappel, entre otras). Desde el tema del manejo de sus residuos en la industria del reciclaje y los residuos valorizables, permitiendo así poder duplicar los ingresos con los productos y servicios circulares.

- Transparencia en las cadenas de suministro

El informe Corporate Climate Responsibility Monitor, que analiza los planes contra el cambio climático de 24 empresas multinacionales, "Las estrategias climáticas de la mayoría de las empresas están atascadas en compromisos ambiguos, planes de compensación que carecen de credibilidad, demanda por una mayor transparencia en temas corporativos por parte de los inversionistas ocasiona que las empresas tengan que tomar medidas más rigurosas, para ser claros con los procesos que siguen y las acciones que toman. Se requiere contar con un buen rastreo de la cadena de suministro, desde los proveedores, la manufactura, la distribución y el cliente final para proporcionar a los consumidores información clara, creíble y de fácil acceso.

Los principales enfoques que se deberán contemplar para esta tendencia son:

a) Las empresas deben justificar sus alegaciones ecológicas empleando metodologías estándar.

b) Obtención de certificaciones y respaldo de terceros.

c) No presentar datos de durabilidad no probadas en cuestión de tiempo o intensidad en condiciones normales de uso.

En el caso de México, esta tendencia cobra importancia debido a la publicación de la primera edición de la Taxonomía Sostenible de México en marzo del 2023, la cual presenta un sistema de clasificación para identificar y definir actividades, activos o proyectos de inversión con impactos positivos al medio ambiente y a la sociedad, contemplando metas y criterios predefinidos. La taxonomía presentará un punto clave para mitigar el riesgo de <u>greenwashing</u>, al mismo tiempo que permitirá que se puedan fomentar inversiones en actividades sostenibles, gracias a que se fomenta que haya una mayor transparencia por parte de las empresas.

- La sostenibilidad como motor de rentabilidad y estrategia

La sostenibilidad se empieza a contemplar como un aspecto clave para impulsar la eficiencia de costos. Se busca que las empresas puedan empalmar sus metas de sostenibilidad con sus objetivos financieros. Acorde con datos del 2023 de Euromonitor Voice of the Industry, las empresas han invertido o planean en invertir mayoritariamente en acciones asociadas al reciclaje, como una medida para reducir sus Innovaciones sostenibles No ha habido nunca, un mayor impulso para los productos y tecnologías sostenibles como el que hay en la actualidad. Se ha llegado a un punto crítico con respecto al cambio climático y muchos innovadores y empresas están dando un paso al frente para construir un futuro más verde.

En este contexto, a medida que avanza la transición energética para el impulso a la economía sostenible, las primeras innovaciones sostenibles (2023) exploran los desafíos de almacenamiento de energía, también se incluyen proyectos de Inteligencia Artificial para abordar el desperdicio de alimentos, entre otros. A continuación, se señalan algunos avances que buscan una forma de vida más sostenible:

Para conseguirlo, ha desarrollado un proceso que esteriliza los residuos de alimentos y los convierte en un material orgánico que puede absorber hasta 30 veces su masa en agua. Este material se puede aplicar a los cultivos, disminuyendo la necesidad de fertilizante químico y también asegurando una distribución de agua más eficiente. Las pruebas en el Medio Oriente han dado como resultado aumentos en el rendimiento de hasta un 40% y una reducción en los requisitos de agua de hasta un 50%. Por lo que Aquagrain fue uno de los cuatro ganadores del Foodtech Challenge.

Los ganadores se anunciaron en la Semana de la Sostenibilidad de Abu Dabi y compartieron un premio de financiación de subvenciones de 2 millones de dólares.

Inteligencia artificial para abordar el desperdicio de alimentos en restaurantes. En muchas naciones desarrolladas, como el Reino Unido, la mayoría de los desperdicios de alimentos producidos a nivel nacional cada año ocurren en el punto de uso del cliente. Los restaurantes, cafeterías y tiendas de comestibles producen más residuos que los generados a lo largo de la cadena de suministro Al respecto, Orbisk ha planteado una solución digital a este desafío, que proporciona cámaras y software de inteligencia artificial a las cocinas profesionales.

Dichas cámaras, después de observar los patrones de desperdicio de alimentos, pueden cuantificar y predecir sus tendencias. Esto puede ayudar al personal de la cocina a no pedir ni preparar comida en exceso o a modificar los menús para reducir el tamaño de los elementos de las comidas que a menudo se desperdician. Asimismo, la inversión en estrategias de sostenibilidad puede servir para la atracción y retención de talento, para vincularse con los grupos de interés, cumplir con las demandas de los consumidores e impulsar la innovación.

- Contabilidad de carbono

Los negocios deberán cuantificar las emisiones de gases de efecto invernadero (GEI) que producen de manera directa o indirecta por sus actividades para tener una mejor comprensión sobre su impacto ambiental. Así pueden marcar objetivos claros de reducción de emisiones que demuestren su compromiso hacia la descarbonización. En octubre del 2023 el Mecanismo de Ajuste en Frontera de Carbono (CBAM) de la Unión Europea entró en fase de transición, por lo cual se requirió que los importadores reportaran las emisiones asociadas con sus productos para el 31 de enero del 2024.

Ahora bien, con el objetivo de promover mejores prácticas una mayor transparencia en temas corporativos por parte de los inversionistas ocasiona que las empresas tengan que tomar medidas más rigurosas, para ser claros con los procesos que siguen y las acciones que toman. Se requiere contar con un buen rastreo de la cadena de suministro, desde los proveedores, la manufactura, la distribución y el cliente final para proporcionar a los consumidores información clara, creíble y de fácil acceso.   Los principales enfoques que se deberán contemplar para esta tendencia son:

a) Las empresas deben justificar sus alegaciones ecológicas empleando metodologías estándar.

b) Obtención de certificaciones y respaldo de terceros.

c) No presentar datos de durabilidad no probadas en cuestión de tiempo o intensidad en condiciones normales de uso.

En el caso de México, esta tendencia cobra importancia debido a la publicación de la primera edición de la Taxonomía Sostenible de México en marzo del 2023, la cual presenta un sistema de clasificación para identificar y definir actividades, activos o proyectos de inversión con impactos positivos al medio ambiente y a la sociedad, contemplando metas y criterios predefinidos. La taxonomía presentará un punto clave para mitigar el riesgo de <u>greenwashing</u>, al mismo tiempo que permitirá que se puedan fomentar inversiones en actividades sostenibles, gracias a que se fomenta que haya una mayor transparencia por parte de las empresas.

- La sostenibilidad como motor de rentabilidad y estrategia

La sostenibilidad se empieza a contemplar como un aspecto clave para impulsar la eficiencia de costos. Se busca que las empresas puedan empalmar sus metas de sostenibilidad con sus objetivos financieros. Acorde con datos del 2023 de Euromonitor Voice of the Industry, las empresas han invertido o planean en invertir mayoritariamente en acciones asociadas al reciclaje, como una medida para reducir sus Innovaciones sostenibles. No ha habido nunca, un mayor impulso para los productos y tecnologías sostenibles como el que hay en la actualidad.

Se ha llegado a un punto crítico con respecto al cambio climático y muchos innovadores y empresas están dando un paso al frente para construir un futuro más verde. En este contexto, a medida que avanza la transición energética para el impulso a la economía sostenible, las primeras innovaciones sostenibles 2023 exploran los desafíos de almacenamiento de energía, también se incluyen proyectos de Inteligencia Artificial para abordar el desperdicio de alimentos, entre otros. A continuación, se señalan algunos avances que buscan una forma de vida más sostenible:

- Desarrollando un proceso que esteriliza los residuos de alimentos y los convierte en un material orgánico que puede absorber hasta 30 veces su masa en agua.

- Este material se puede aplicar a los cultivos, disminuyendo la necesidad de fertilizante químico y también asegurando una distribución de agua más eficiente.

- Las pruebas en el Medio Oriente han dado como resultado aumentos en el rendimiento de hasta un 40% y una reducción en los requisitos de agua de hasta un 50%. Por lo que Aquagrain fue uno de los cuatro ganadores del Foodtech Challenge.

- Los ganadores se anunciaron en la Semana de la Sostenibilidad de Abu Dabi y compartirán un premio de financiación de subvenciones de 2 millones de dólares.

- Inteligencia artificial para abordar el desperdicio de alimentos en restaurantes. En muchas naciones desarrolladas, como el Reino Unido, la mayoría de los desperdicios de alimentos producidos a nivel nacional cada año ocurren en el punto de uso del cliente.

- Los restaurantes, cafeterías y tiendas de comestibles producen más residuos que los generados a lo largo de la cadena de suministro

- Al respecto, Orbisk ha planteado una solución digital a este desafío, que proporciona cámaras y software de inteligencia artificial a las cocinas profesionales.

- Dichas cámaras, después de observar los patrones de desperdicio de alimentos, pueden cuantificar y predecir sus tendencias.

- Esto puede ayudar al personal de la cocina a no pedir ni preparar comida en exceso o a modificar los menús para reducir el tamaño de los elementos de las comidas que a menudo se desperdician. Costos.

- Asimismo, la inversión en estrategias de sostenibilidad puede servir para la atracción y retención de talento, para vincularse con los grupos de interés, cumplir con las demandas de los consumidores e impulsar la innovación.

Por este ajuste, el precio de los bienes importados dependerá de las emisiones emitidas en sus procesos, para lo cual México debe prepararse, puesto que este precio al carbono podrá afectar a los productos que vayan hacia la UE. El 92% del producto interno bruto (PIB) mundial ha declarado su intención de comprometerse a alcanzar cero emisiones netas antes del 2050. (Net Zero Tracker, 2023). De forma general, el nuevo panorama para el 2024 muestra una fuerte tendencia a cambios en la manera en cómo las empresas llevan a cabo sus operaciones, permitirán una mayor transparencia para la toma de decisiones en torno a la sostenibilidad, generando compromisos para disminuir las emisiones; y generando informes para comunicar los avances.

Ahora bien, tomar acciones dentro de estos ejes puede contribuir a adquirir un mejor posicionamiento como empresa, prepararse ante los posibles riesgos ambientales y sociales, contar con un mejor posicionamiento dentro del entorno financiero y de forma general, permitirá a que la empresa pueda tener una mayor resiliencia. Este año 2024, está encaminado a la creación de cambios conscientes para contribuir a los objetivos globales y acatar las regulaciones, es momento para actuar en función de esto y formar parte de esta transformación sostenible, como empresa.

XI.- Concienciar y reflexionar

En 1992 se declaró el 26 de marzo como el Día Mundial del Clima en la Convención Marco de las Naciones Unidas sobre el Cambio Climático. Este día se creó para concienciar y sensibilizar sobre la importancia e influencia del clima y el impacto del cambio climático sobre el ser humano a nivel mundial. Días como este o como el reciente Día Internacional de los Bosques, suponen una invitación a que la ciudadanía reflexione sobre los modos de vida y la forma en la que nos comportamos respecto al medio ambiente. Y, por supuesto, ser conscientes de que nuestras acciones no solo nos afectan a los seres humanos sino también al resto de seres vivos y a los recursos naturales que existen.

El Día Mundial del Clima también está relacionado con uno de los Objetivos de Desarrollo Sostenibles (ODS), concretamente el ODS 13 de acción por el clima pretende introducir el cambio climático como cuestión primordial en las políticas, estrategias y planes de países, empresas y sociedad civil, mejorando la respuesta a los problemas que genera, e impulsando la educación y sensibilización de toda la población en relación al fenómeno. Ahora bien, como se puede aumentar la conciencia ambiental de la sociedad, en ese sentido somos conscientes de la importancia de cuidar nuestra salud y también debemos serlo de la necesidad de proteger nuestro entorno.

La conciencia ambiental es un aprendizaje necesario, con independencia de nuestra edad o de nuestros conocimientos. En ese orden la conciencia ambiental es la base de todo, además de ser una Filosofía de vida que se preocupa por el medio ambiente y lo protege con el fin de conservarlo y de garantizar su equilibrio presente y futuro. En vista de ello. Se debe ser conscientes en que uno de los aspectos que más deteriora la naturaleza es el hombre. La deforestación, la contaminación del aire, la contaminación del agua y el calentamiento global, son consecuencias del estilo de vida que impera en nuestra sociedad.

Asimismo, la educación ambiental y la conciencia ambiental nos ayudan a darnos cuenta de que cada acción que realizamos en nuestra vida cotidiana tiene una repercusión en el medioambiente. El medio de transporte que utilizamos para ir a trabajar, el uso de bolsas de plástico, el tipo de energía que consumimos, todo influye. En ese sentido, el despertar de la conciencia ambiental se realiza a través de la educación y sensibilización, y porque la conciencia ambiental se puede fomentar de dos formas:

- Desde la escuela, mediante ejercicios de educación ambiental para los más pequeños.

- A través de iniciativas de sensibilización sobre las consecuencias que pueden tener nuestras acciones en el medioambiente.

En la escuela se pueden llevar a cabo prácticas como la clasificación de residuos sólidos para tirar cada cosa en el contenedor que le corresponde; actividades enfocadas a la reutilización de materiales, y visitas a parques naturales para observar a los animales en su hábitat natural, lo cual ayuda a entender por qué es esencial proteger los recursos naturales. Este tipo de actividades despiertan la conciencia ambiental desde la infancia y dan lugar a generaciones más respetuosas con la naturaleza y su entorno.

Por otro lado, las acciones de sensibilización para fomentar la conciencia ambiental pueden ser muy diversas: desde eventos puntuales sobre temáticas concretas hasta campañas publicitarias que nos hagan reflexionar sobre nuestros hábitos diarios y cómo afectan a la naturaleza. En definitiva, la educación ambiental y la conciencia ambiental nos invitan a cambiar nuestros hábitos diarios y a abrir los ojos para ver qué sucede a nuestro alrededor

XII.- Conclusiones

- La COP28 el SEO/Birdlife (2023), junto con otros movimientos de la ciencia y la sociedad civil, velará por los compromisos climáticos de integrar la conservación y recuperación del medio natural para los próximos años.
- La sostenibilidad es clave para impulsar la eficiencia de costos. Buscando que las empresas empalmen sus metas de sostenibilidad con sus objetivos financieros.
- Frenar el avance del cambio climático a través de las advertencias de los impactos de este en la naturaleza   y la necesidad de actuar con rapidez eficacia para detenerlo y maximizar la resiliencia.

- Detener el desarrollo de la producción de combustibles fósiles, incompatibles con sus obligaciones en materia de derechos humanos y con el objetivo de limitar el calentamiento global por debajo de 1,5°C.
- triplicar la capacidad de las energías renovables para el 2030, respetando en sus instalaciones la biodiversidad y las comunidades locales de su entorno
- la baja incorporación tecnológica, y los sistemas educativos no han sido capaces de implementar métodos alternativos de enseñanza de calidad que permitan continuar con la provisión del servicio frente a las emergencias climáticas.
- Luchar contra el cambio climático generando aportes desde la escuela para la sostenibilidad ambiental, acompañándolos y agregando valor a la agenda de los países de descarbonización y resiliencia al cambio climático.
- Las acciones de las empresas tienen que ir hacia la mitigación, financiamiento climático, adaptación y restauración de la biodiversidad.
- Reforzar en materia de cooperación internacional los incentivos, normativas y condiciones para orientar las inversiones para lograr una transición mundial hacia la reducción de emisiones de CO2.
- Es hora de aumentar al financiamiento para adaptar, las pérdidas y daños, y la reforma de la arquitectura financiera internacional, siendo "el multilateralismo la mejor esperanza de la humanidad"
- Según la agencia de Medio ambiente la inversión de siete billones de dólares para actividades como   las praderas marinas, extensiones de brotes verdes y flores parecidas a la hierba, las cuales son una solución basada en la naturaleza, supone: 30 veces lo que se gasta anualmente en soluciones verdes y un 7% del PIB mundial.
- El PNUMA, adoptará medidas para reducir el consumo de energía de equipos de refrigeración para reducir al menos el 60% de las emisiones sectoriales previstas para al 2050.

- El Compromiso mundial de enfriamiento, del PNUMA, señala las estrategias de refrigeración pasiva para reducir las emisiones del refrigeración en 3800 millones de toneladas equivalentes de CO2., para el 2050.

- Las organizaciones internacionales, los bancos multilaterales de desarrollo y los países presentaron un conjunto de acciones concretas urgentes   e Innovadoras para aumentar la financiación a través de cláusulas de deuda resilientes al clima en sus préstamos.

- El Banco Mundial se comprometió a suspender la deuda y los intereses durante dos años en caso de un desastre natural.

- El banco Europeo de Reconstrucción y otras instituciones   anunciaron planes para la integración de estas cláusulas en los acuerdos de préstamos soberanos.

- La escasez crónica de financiación para soluciones basadas en la naturaleza no se debe a la falta de fondos, "es que el dinero se va en la dirección equivocada"., es preciso establecer los marcos jurídicos necesarios para orientar los fondos hacia soluciones positivas para la naturaleza.

- CEPAL, señala las necesidades de financiación para la transición hacia una economía baja en carbono y resiliente al clima, así como las tendencias actuales de las emisiones regionales.

- Financiar sectores como la agricultura, la ganadería y la silvicultura, que representan el 58% de emisión de gases de efecto invernadero. Esta financiación está dirigida a la mitigación, en detrimento de las medidas de adaptación.

- Necesidad de canalizar los flujos de inversión hacia actividades que estimulen los sectores impulsores la economía, con vistas a lograr un desarrollo más productivo, inclusivo y sostenible.

- Implementar actividades *en tu vida diaria que* contribuyan con el medio ambiente y limiten el cambio climático en la Tierra. Nuestras acciones individuales pueden contribuir considerablemente   y de manera positiva en la sostenibilidad, para lograr un desarrollo verdaderamente sostenible

- Aumentar la conciencia ambiental de la sociedad, de proteger nuestro entorno, así como préstamo importancia a nuestra salud.

- La conciencia ambiental es un aprendizaje necesario, con independencia de nuestra edad o de nuestros conocimientos.

- La conciencia ambiental nos ayudan a darnos cuenta, que cada acción que realizamos en nuestra vida cotidiana tiene una repercusión en el medioambiente.

- El despertar de la conciencia ambiental se realiza a través de la escuela con educación ambiental y la sensibilización sobre las consecuencias de nuestro accionar en el medioambiente.

- Concientizar al individuo para que cambien los hábitos que permitan detener los efectos irreparables del cambio climático sobre la vida del planeta.

XIII.- Referencias

Jo Adetunji (2023) **la financiación debe ser más equitativa y justa** Editor the Conversation.UK Academic rigor journalistic flair https://blog.theconversation.com-uk,

Adesina Akinwumi (2023),**creación de un mecanismo híbrido de financiación, propuesto por el Banco Africano de Desarrollo y el Banco Interamericano de Desarrollo Https://www.afdb.org**

Clara Arpa (2023) **programa Climate Ambition Accelerator** https://www.goaragon

Inger Andersen (2023), **este crecimiento no debe producirse a costa de la transición energética y de impactos climáticos más intensos** Https://www.unep.org-people

Mirey Atallah (2023), **afirmó que el informe demuestra que la crisis climática sigue superando los esfuerzos por contenerla.** Directora de la Subdivisión de la Naturaleza para el Clima del PNUMA, Https:// unep.org- World-ci

Gemma Duran Romero (2023) **el tema de la financiación para hacer frente el problema del cambio climático es clave.** https:// portalcientifico.uam.es

EuroNews (2023), **COPS28 un acuerdo Histórico para abandonar los fósiles** https://es.euronews.com

El País (2023) **sostenibilidad medioambiental, económica y social** https:// elpaís.com-medio ambiente y sustentabilidad

Fundac **Acciones sostenibles para cuidar el planeta** https://www.fundacionaquae.org › acciones-sostenibles

Antonio Guterres (2023) **Limitar el calentamiento global a 1,5°C, será imposible sin la eliminación progresiva de todos los combustibles fósiles** Https:// www.un.org.Guterres

IPPC (2023) **Nuevos análisis sobre los planes climáticos nacionales** Https://unfccc.int-news-nuevo análisis sobre planes climáticos

Liora Schwartz, María Soledad (2023), **Educación y Cambio climático, como desarrollar habilidades, para la acción climática en la edad escolar** BID. Https://blogs.iadb.org-educaction,author

Niki Mardas (2023) **Is speaking at. Business models that enrich biodiversity: How can we embed nature at the heart of business**? Https://globalcanopy.org-news

OCHCR.org (2023) La ACNUDH y el cambio climático Https://.wwwochcr.org-climate Change

Ojiambo Sandra (2023) **Executive Management Team Un Global Compact** Https://unglobalcompact.org

ONU (2023) **La acción por el cambio climático no puede esperarCOPS28, Dubai** https://.www.un.org- **climate Change**

Anna Rasmussen, (2023) **la importancia del proceso del Balance mundial, acotando que todavía se puede limitar el calentamiento global a 1,5°C".** https:// climática.coop- entrevista .anne rasmussen

Teresa Ribeiro (2023) UN **climate change Pavilion at Cop 28** https:// www.unfccc.int -cop28

Salazar- Xirinachs (2023), **aumentar la financiación climática puede aportar también otros beneficios además de los medioambientales, incluyendo beneficios económicos y sociales** Https://www.cepal.org-equipo-jose manuel Salazar xirinachs

Cristina Sánchez (2023) **Necesidad de transformar el sistema financiero mundial** .Ceo Pacto Mundial de la ONU en España https://pactomundial.org-noticias

Stiell Simon (2023) **el mundo camina demasiado despacio ante una aterradora crisis climática** https://reliefweb.int-report**, World-cop28**

Harjeet Singh (2023) **getting rich countries   to pay up for climate** https://axios.com harjjeet

Petteri Taalas (2023) **pone fin a 8 años de lucha contra el cambio climático** https: //www. Infobae.com –agencias

I want morebooks!

Buy your books fast and straightforward online - at one of world's fastest growing online book stores! Environmentally sound due to Print-on-Demand technologies.

Buy your books online at
www.morebooks.shop

¡Compre sus libros rápido y directo en internet, en una de las librerías en línea con mayor crecimiento en el mundo! Producción que protege el medio ambiente a través de las tecnologías de impresión bajo demanda.

Compre sus libros online en
www.morebooks.shop

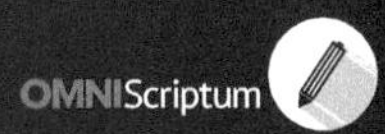

Printed by Books on Demand GmbH, Norderstedt / Germany